60 FIVE-STAR WESTERN
CUISINE RECIPES

60 FIVE-STAR WESTERN CUISINE RECIPES

60 FIVE-STAR
WESTERN
CUISINE
RECIPES

60 Five-star Western
Cuisine Recipes

60 Five-star Western
Cuisine Recipes

60 Five-star Western Cuisine Recipes

60 Five-star Western
Cuisine Recipes

60 FIVE-STAR WESTERN
CUISINE RECIPES

60 Five-star
Western
Cuisine
Recipes

60 Five-star Western
Cuisine Recipes

60 Five-star Western
Cuisine Recipes

60 Five-star Western Cuisine Recipes

60 Five-star Western Cuisine Recipes

60 Five-star Western Cuisine Recipes

60 Five-star Western Cuisine Recipes
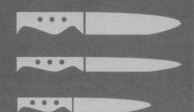

60 FIVE-STAR WESTERN CUISINE RECIPES

60 Five-star Western Cuisine Recipes

60 Five-star Western Cuisine Recipes

60 FIVE-STAR WESTERN CUISINE RECIPES

60 Five-star Western Cuisine Recipes

60 Five-star Western Cuisine Recipes

60 Five-star Western Cuisine Recipes

60 FIVE-STAR WESTERN CUISINE RECIPES

五星級西餐的第一堂課

60道經典料理

王為平——作者・楊志雄——攝影

60 FIVE-STAR WESTERN CUISINE RECIPES

五星級西餐的第一堂課

—— 60道經典料理 ——

作　　者 王為平	總 經 銷 大和書報圖書股份有限公司
攝　　影 楊志雄	地　　址 新北市新莊區五工五路 2 號
	電　　話 (02) 8990-2588
	傳　　真 (02) 2299-7900
發 行 人 程安琪	
總 策 畫 程顯灝	
總 編 輯 呂增娣	製版印刷 鴻嘉彩藝印刷股份有限公司
主　　編 李瓊絲、鍾若琦	初　　版 2015 年 5 月
執行編輯 鄭婷尹、吳孟蓉	定　　價 新臺幣 580 元
編　　輯 程郁庭、許雅眉	I S B N 978-986-364-059-2(平裝)
編輯助理 陳思穎	
美術總監 潘大智	**版權所有 · 翻印必究**
執行美編 劉旻旻、李怡君	**書若有破損缺頁 請寄回本社更換**
美　　編 游騰緯	
行銷企劃 謝儀方、吳孟蓉	
發 行 部 侯莉莉	
財 務 部 呂惠玲	
印　　務 許丁財	
出 版 者 橘子文化事業有限公司	
總 代 理 三友圖書有限公司	
地　　址 106 台北市安和路 2 段 213 號 4 樓	
電　　話 (02) 2377-4155	
傳　　真 (02) 2377-4355	
E － mail service@sanyau.com.tw	
郵政劃撥 05844889 三友圖書有限公司	

國家圖書館出版品預行編目 (CIP) 資料

五星級西餐的第一堂課 : 60 道經典料理 / 王
為平著 ; 楊志雄攝影 .-- 初版 .-- 臺北市 : 橘子
文化 , 2015.05
　面 ; 公分
ISBN 978-986-364-059-2(平裝)

1. 食譜 2. 烹飪

427.12　　　　　　　　　　104006348

SANYAU
http://www.ju-zi.com.tw
三友圖書
友直 友諒 友多聞

FOREWORD
推薦序

為平就讀國立高雄餐旅管理專科學校（現為國立高雄餐旅大學）的時候，便正式開啟了他的西餐之路。他在學校接受正統的西餐廚藝訓練後，持續不斷地研究西餐廚藝這塊領域，不僅多才多藝，也是我所教過的學生中，仍專攻西餐至今的得意門生之一。為平除了是一位西餐廚師之外，也參與了許多飯店與餐廳的籌備開幕，更將多年所學的技藝傳承給許多廚師與學子，傾囊相授，從不藏私。

本書融入了為平十多年的烹飪技術與教學心得，依循著書裡的脈絡，以淺顯易懂的方式，將專業廚藝融入生活；書中圖文並茂，有詳細的步驟示範，使讀者能夠輕易地了解書中所述，並輕鬆烹調出西餐料理，也藉此幫助學習西餐的烹飪人士奠定扎實的廚藝基礎。

相信本書定能為有心學習西餐的烹飪人士，學習到正統西式料理技藝的正確方法，在本書即將付梓之際，特予以推薦。

Eddie Chen

陳寬定

國立高雄餐旅大學
西餐廚藝系 陳寬定 教授

PREFACE
作者序

「料理」如同「愛」

由於臺灣觀光旅遊產業的復甦，提升餐飲管理漸漸地被業界所重視，而學校教育也設立了相關科系，希望培育更優秀的人才，提高國內競爭力，於是在許多建教合作的實習過程中，使我有更多的機會擔任實習課程的指導與講解。在東南科技大學、元培醫事科技大學等校任教的數年，常與學生們聊到，服務性產業中，與消費者每日生活息息相關的，莫過於餐飲生產事業，長期來看，這產業市場有著無窮的開發潛力。尤其近年內，全國南北各大專院校，紛紛開始新增餐飲或旅館管理科系，更使未來餐飲服務之就業與消費趨勢，導向專業專才的環境。

就在這樣的契機下，我從一位餐飲業的實務工作、管理者，轉向到專業餐飲的教學指導，多年來的餐廚心得與教學理念，包括了在料理過程中，用心體會食材與食物的交流，了解並尊重食材，以及向大自然學習。

在本書中，所要傳達的理念很簡單，就是「料理」如同「愛」，她喚起所有的感覺，並發自內心，料理的動作有如愛的表現；而飲食文化的產生，不單只是料理與人們心靈交流、解讀彼此之間的語言，還需要能夠藉由文字，將食物形體本身的美與超乎感官的精神美，發揮到淋漓盡致，更進一步達到科學般精準的境界。這樣的風格是我個人所努力追求的，也希望能有所共鳴與傳承。而如此的料理精神一直是我的工作態度，也是我最重要的教學理念，希望透過教學讓學生深刻體驗料理、愛與心靈的交流過程，因為這才是一個產業生命力的源頭。

本書的順利完成要感謝橘子文化給予的機會，以及一群可愛的學生對我的協助，在此特別感謝！

感謝以下學生的協助：
鄭璟媛、曹瀚文、蕭凱仁、程筱軒、劉燕樺、劉暐、劉子平、蘇綉津、李佳諺、羅子於、張又升、郁云阳。

專業與學術經歷

現任 東南科技大學餐旅管理系／專任講師

元培科技大學餐飲管理系／專任講師

國立高雄餐旅學院第三屆傑出校友

2014 年／好菇道料理大賽評審

2008 ～ 2010、2013、2014 年／王品盃托盤大賽評審

2008 ～ 2012 年／遠東餐廚達人賽評審

2011 年／全國餐旅創意（業）競賽決賽評審

台北西華飯店／歐風廚房副領班

台北晶華酒店／餐飲部副主廚

春秋烏來渡假酒店／餐飲部副主廚

台北亞都麗緻大飯店／ Commis 2

台北華國飯店／西餐主廚

台北國聯飯店／板石咖啡廳主廚

台北富都大飯店／西餐主廚

國內外獎項

2015 年／指導學生參加台灣國際餐飲挑戰賽—銀牌

2014 年／指導學生參加金門酒糟牛肉創意料理比賽—第 3 名

2013 年／指導學生參加第 43 屆全國技能競賽（北區）西餐烹飪—第 2、3 名

2012 年／指導學生參加澳洲城市盃 The International Secondary Schools Culinary Challenge —總冠軍

2009 年／指導學生參加美國紐約第二屆新唐人廚技大賽—銅牌

2007 年／第二屆海峽西餐廚藝邀請賽—專業個人組金牌

2007 年／亞洲國際廚皇擂台賽—個人廚皇組西式熱菜金牌

2007 年／亞洲國際廚皇擂台賽—個人專業組熱菜金牌

2006 年／龜甲萬盃料理比賽—社會組優選獎

2004 年／首屆國際健康美食大賽—個人組熱菜金牌

1999 年／西華飯店技能競賽—餐飲部歐風廚房技能比賽第三名

（王為平）

CONTENTS
目錄

CUTTING INGREDIENTS

基本食材處理

做菜前的準備工作極為重要，不論是牛、雞、魚或龍蝦等難處理的食材，只要善用去骨、去殼、去皮等切割手法，先搞定食材，料理起來肯定事半功倍。

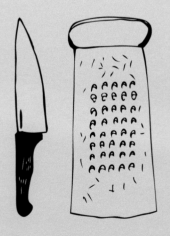

牛的切割方法
Beef Cutting

牛的分切處理

· 1 ·

打開包住牛里肌的筋、膜。

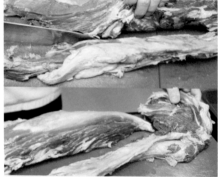

· 3 ·

去掉筋膜,取中間部位的肉。

· 5 ·

用刀刮除油脂和筋(圖中白色部分)。

· 2 ·

切開後筋膜有三邊。

· 4 ·

撕去肉表層的第二層膜。

· 6 ·

切去牛里肌兩旁的油脂。

· 7 ·

刀尖插入筋的前端。

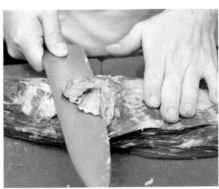

· 9 ·

翻面，切除剩餘的油脂。

· 11 ·

再依菜色分切使用，可切成片。

· 8 ·

一手持刀，另一手拉著筋的前端切除。

· 10 ·

取中段肉質最嫩的部位（即為菲力）。

· 12 ·

或切塊使用。

雞的切割方法
Chicken Cutting

全雞去骨的處理

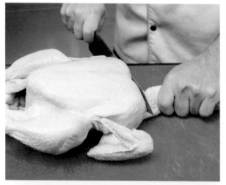

· 1 ·

切開雞脖子的關節處，使之分離。

· 3 ·

取兩側雞翅，從關節處切下。

· 5 ·

抓住雞腿反折。

· 2 ·

雞脖子去皮後，肉和骨頭可用來熬湯。

· 4 ·

從雞的胯下切開。

· 6 ·

切開關節。

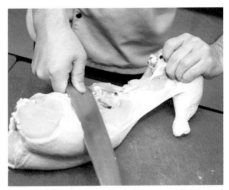

· 7 ·

拉開後取腿肉，備用。

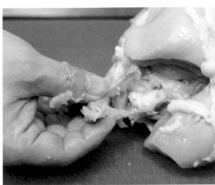

· 9 ·

手伸入取出 V 字骨（鎖骨）。

· 11 ·

刀尖貼著雞胸骨切下胸肉。

· 8 ·

雞胸 V 字骨部位劃兩刀。

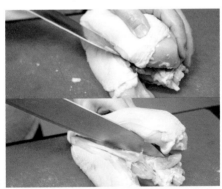

· 10 ·

由取 V 字骨的地方切開。

· 12 ·

切下剩餘的雞肉，雞骨則可作熬湯用。

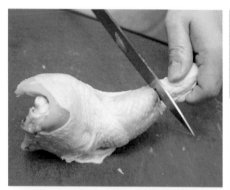

· 13 ·

在雞腿骨末端用刀劃一圈。

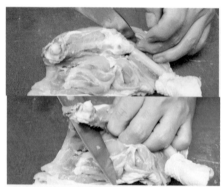

· 15 ·

沿腿骨切開。

· 17 ·

抓住腿骨拉開。

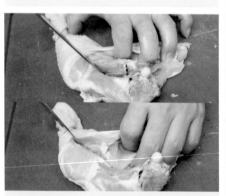

· 14 ·

切開腿肉使骨頭露出。

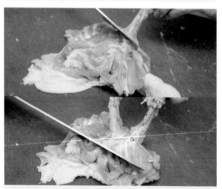

· 16 ·

使腿肉與骨頭分離。

· 18 ·

切斷雞骨關節與肉的連結處，即完成去骨雞腿。

帶骨雞腿的處理

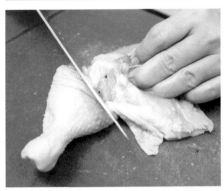

· 1 ·

取另一隻雞腿，先將連著的雞胸
肉切下。

· 3 ·

用手拉開。

· 5 ·

切斷連結的關節處。

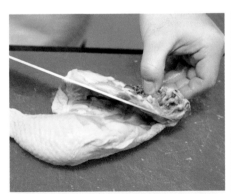

· 2 ·

切開與胸骨的連結處。

· 4 ·

使之分離。

· 6 ·

帶骨雞腿完成。

魚的切割方法

Fish Cutting

魚的去骨與去皮處理

· 1 ·

從鰓的地方切開但不要切斷（避免切到內臟）。

· 3 ·

抓住魚頭，將連結的內臟一起完整拉出。

· 5 ·

將刀緊貼著魚骨。

· 2 ·

翻面將魚鰭拉起，切開肉身但不要切斷內臟連結處。

· 4 ·

從魚肚剖開。

· 6 ·

剖開取肉。

· 7 ·

另一片連著魚骨的魚片也依同樣方式，以刀緊貼著魚骨取肉。

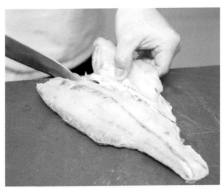

· 9 ·

切開，使魚肚部位的魚刺和魚身分離。

· 11 ·

刀放在魚尾並緊貼魚皮。

· 8 ·

用刀緊貼魚肚部位的魚刺。

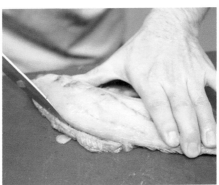

· 10 ·

除去背鰭。

· 12 ·

拉住魚皮，一邊把肉切分離，即完成去皮。

龍蝦的切割方法
Lobster Cutting

龍蝦的去殼處理

· 1 ·

抓住龍蝦頭。

· 3 ·

用剪刀把龍蝦腹部兩側的殼分別
剪開。

· 5 ·

由龍蝦頭部拉取肉。

· 2 ·

龍蝦頭轉開後留用。

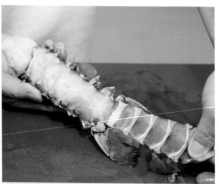

· 4 ·

拉掉剪下的殼。

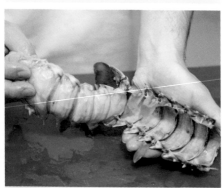

· 6 ·

把整隻龍蝦肉拉起，拉到尾端時
稍作停頓。

· 7 ·

輕拉，拉的同時連在殼上的腸泥
也可一併和龍蝦肉分離。

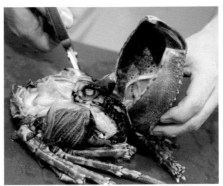

· 9 ·

拉掉龍蝦頭的上殼。

· 11 ·

去除龍蝦鰓。

· 8 ·

從鰓剪開。

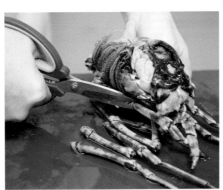

· 10 ·

剪去龍蝦腳。

· 12 ·

用剪刀將腮清除乾淨，黃色的蝦
腦留用（熬湯可增加濃稠感），
龍蝦殼也可用來熬湯。

BASIC STOCKS

基本高湯製作

高湯是西式料理中的基本關鍵,將食材的原始鮮
味濃縮在湯頭內,不但可以為料理增添風味,還
能補充營養、兼顧健康。

─── CHAPTER 2 ───

魚高湯
Fish Stock

▼

材料

魚骨	1 公斤
洋蔥塊	200 公克
芹菜段	200 公克
蒜苗	100 公克
百里香	5 公克
巴西里	10 公克
月桂葉	2 片
白胡椒粒	2 大匙
水	2 公升
白酒	100 毫升
白蘭地	80 毫升

· 1 ·

準備所有食材。

· 2 ·

湯鍋內裝冷水，所有材料入鍋並且倒入白酒、白蘭地，以小火熬煮 20 分鐘，靜置 10 分鐘。

· 3 ·

用濾網過濾即可。

───── CHAPTER 2 ─────

雞高湯
Chicken Stock

▼

材料

雞骨	1 公斤
洋蔥塊	300 公克
紅蘿蔔塊	150 公克
芹菜段	150 公克
蒜苗	150 公克
百里香	5 公克
巴西里	10 公克
月桂葉	2 片
黑胡椒粒	1 大匙
白胡椒粒	1 大匙
水	2 公升

TIPS

過濾作法請參照 p.23 魚高湯的作法 3。

· **1** ·

準備所有食材。

· **2** ·

湯鍋內裝冷水，所有材料入鍋熬煮 1.5 ～ 2 小時，
撈掉泡泡和雜質，過濾即可。

—— CHAPTER 2 ——
昆布高湯
Seedweed Stock

▼
材料

昆布　200 公克

柴魚片　20 公克

味醂　4 大匙

糖　2 大匙

水　2 公升

TIPS

過濾作法請參照 p.23 魚高湯的作法 3。

· **1** ·

準備所有食材，昆布預先以水泡軟。

· **2** ·

先將昆布入鍋，以小火煮 40 分鐘，湯會呈現清透
的淡茶色。

· **3** ·

倒入味醂。

· **5** ·

加柴魚片後關火，泡 15 分鐘再過濾。

· **4** ·

放入糖。

蛤蠣高湯
Clam Stock

—— CHAPTER 2 ——

蛤蠣高湯
Clam Stock

▼

材料

蛤蠣	1 公斤
洋蔥塊	200 公克
蒜頭	30 公克
百里香	3 公克
白酒	100 毫升
水	2 公升

· 1 ·

準備所有食材。

過濾作法請參照 p.23 魚高湯的作法 3。

· 2 ·

湯鍋內放冷水,蛤蠣入鍋。

· 3 ·

加入洋蔥。

· 5 ·

放進百里香。

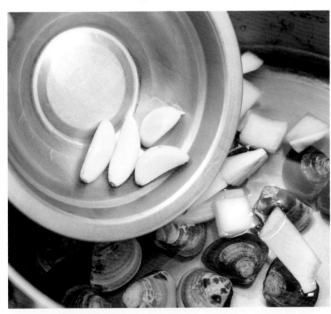

· 4 ·

加入蒜頭。

· 6 ·

倒入白酒，煮至蛤蠣開口，過濾即可。

CHAPTER 2

牛高湯
Beef Stock

▼
材料

牛骨	2 公斤
洋蔥塊	300 公克
紅蘿蔔塊	150 公克
芹菜段	150 公克
蒜苗	150 公克
番茄糊	2 大匙
百里香	5 公克
巴西里	10 公克
月桂葉	2 片
水	5 公升

TIPS

過濾作法請參照 p.23 魚高湯的作法 3。

·1·

準備所有食材。

·2·

湯鍋內裝冷水，燉煮牛骨 2 小時後，再加上其他材料入鍋煮 30 分鐘。

·3·

煮好後過濾。

CHAPTER 3

BASIC SAUCE

基本醬汁製作

美味的醬汁可說是西式料理中最畫龍點睛的環節，不論是烹調時，或是品嘗前淋上醬汁，皆能表現出不同變化的迷人滋味。

牛骨濃汁
Demi-Glace

▼

材料

高湯

牛骨　2 公斤

洋蔥塊　300 公克

紅蘿蔔塊　150 公克

芹菜段　150 公克

蒜苗　150 公克

百里香　5 公克

巴西里　10 公克

水（或牛高湯）　4 公升
（牛高湯作法請參照 p.33）

紅蘿蔔塊　100 公克

洋蔥塊　200 公克

西芹段　100 公克

蒜苗　100 公克

番茄糊　60 公克

TIPS

過濾作法請參照 p.23 魚高湯的作法 3。

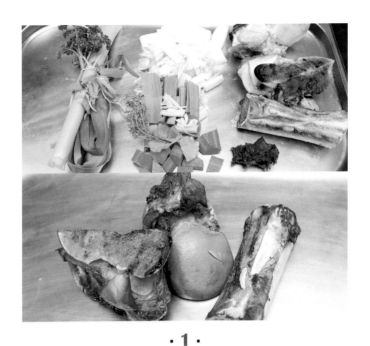

・**1**・

準備所有高湯材料，牛骨先以 300℃烤至上色。

・**2**・

湯鍋內裝冷水，所有高湯材料入鍋煮 3 小時。

· 3 ·

煮高湯的同時，炒鍋內放入紅蘿蔔、洋蔥、西芹、蒜苗，與番茄糊一起炒香。

· 5 ·

待高湯煮到剩最後半小時，取 1 公升的高湯，與炒料混合。

· 4 ·

拌炒均勻。

· 6 ·

煮至濃縮後過濾。

雞骨肉汁
Chicken Gravy

CHAPTER 3

雞骨肉汁
Chicken Gravy

▼

材料

高湯

雞骨	2 公斤
洋蔥塊	300 公克
紅蘿蔔塊	150 公克
芹菜段	150 公克
蒜苗	150 公克
百里香	5 公克
巴西里	8 公克
月桂葉	2 片
白胡椒粒	5 公克
黑胡椒粒	5 公克
水（或雞高湯）	4 公升

（雞高湯作法請參照 p.25）

紅蘿蔔塊	100 公克
洋蔥塊	200 公克
蒜苗	100 公克
西芹段	100 公克
月桂葉	1 片
番茄糊	4 大匙

TIPS

過濾作法請參照 p.23 魚高湯的作法 3。

· 1 ·

準備所有高湯材料。

· 2 ·

雞骨入烤箱，以 180℃烤至上色。

· 3 ·

高湯材料入鍋。

· 5 ·

同時取另一鍋放入紅蘿蔔、洋蔥、蒜苗、西芹和月桂葉，與番茄糊拌炒均勻。

· 4 ·

燉煮 2 小時。

· 6 ·

高湯煮至剩最後半小時，取 1 公升的高湯，加入炒好的料一起熬煮，過濾即可。

CHAPTER 3
燻干貝汁
Smoked Fish Stock

▼

材料（1份）

魚高湯　1 公升

（作法請參照 p.23）

洋蔥絲　100 公克

月桂葉　2 片

白胡椒粒　1 小匙

煙燻汁　3 大匙

檸檬汁　50 毫升

·1·

取一湯鍋裝魚高湯，放入洋蔥、月桂葉和白胡椒粒，煮滾後轉小火煮 15 分鐘。

·2·

加入煙燻汁。

·3·

煮滾後，加入檸檬汁即可。

—— CHAPTER 3 ——

青醬

Pesto

▼

材料（1份）

橄欖油　300 毫升

羅勒（九層塔）　120 公克

茵陳蒿　1 公克

高梁酒　1 大匙

蝦油　1 大匙

蒜頭　20 公克

綜合堅果　50 公克

TIPS

青醬靜置一段時間後會開始變色，
建議攪打後盡快食用。

· 1 ·

在食物調理機內放入橄欖油，放入羅勒。

· 2 ·

放入茵陳蒿。

· 3 ·

加入高粱酒。

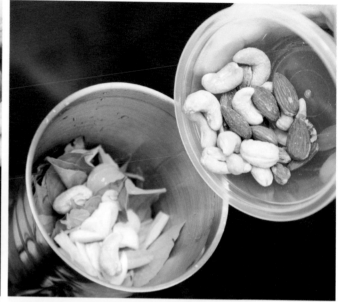

· 5 ·

加進綜合堅果。

· 4 ·

蝦油和蒜頭混合浸泡，放入食物調理機。

· 6 ·

攪打均勻即可（可用木匙輔助攪拌）。

番茄醬汁
Tomato Sauce

─── CHAPTER 3 ───

番茄醬汁
Tomato Sauce

▼

材料（1份）

洋蔥碎	250 公克
紅蔥頭丁	30 公克
培根絲	80 公克
蒜末	10 公克
月桂葉	1 片
百里香	2 公克
橄欖油	80 毫升
番茄糊	2 大匙
白酒	60 毫升
切碎番茄	500 公克
雞高湯（或水）	2 公升
（作法請參照 p.25）	
奶油	45 公克

· 1 ·

洋蔥、紅蔥頭、培根、蒜末、月桂葉和百里香下鍋。

· 2 ·

加入橄欖油。

· 3 ·

放進番茄糊。

· 4 ·

拌炒均勻。

· 7 ·

倒入雞高湯，熬煮 30 分鐘。

· 5 ·

倒入白酒。

· 8 ·

起鍋前放入奶油拌勻。

· 6 ·

加入切碎的番茄。

— CHAPTER 3 —

肉醬
Meat Sauce

▼
材料

橄欖油　2 大匙

洋蔥丁　50 公克

紅蔥頭丁　5 公克

紅蘿蔔丁　30 公克

西芹丁　30 公克

蒜末　10 公克

月桂葉　1 片

百里香　2 公克

番茄糊　2 大匙

紅酒　60 毫升

番茄丁　300 公克

切碎番茄　500 公克

牛臂絞肉　200 公克

牛高湯　1 公升

（作法請參照 p.33）

· **1** ·

鍋內下橄欖油。

· **2** ·

放入洋蔥、紅蔥頭、紅蘿蔔、西芹、蒜末、月桂葉、
百里香和番茄糊，拌炒。

· 3 ·

加入紅酒。

· 6 ·

加入牛臂絞肉炒香

· 4 ·

放進番茄丁。

· 7 ·

拌炒約至熟透。

· 5 ·

放入切碎番茄。

· 8 ·

倒入牛高湯，煮滾即可。

白酒醬汁
White Wine Sauce

白酒醬汁
White Wine Sauce

▼
材料

紅蔥頭丁	30 公克
洋蔥丁	150 公克
百里香	3 公克
月桂葉	2 片
白酒	1 公升
鮮奶油	1 公升

· 1 ·

將紅蔥頭、洋蔥、百里香、月桂葉與白酒一起放入鍋中。

· 2 ·

煮至濃縮到 1/5（約 30 分鐘），濾掉炒料。

· 3 ·

同時取另一鍋倒入鮮奶油。

· 5 ·

作法 4 倒入作法 2。

· 4 ·

煮至濃縮到 1/3（約 30 分鐘）。

· 6 ·

攪拌均勻即可。

紅酒醬汁
Red Wine Sauce

▼

材料（1份）

紅蔥頭丁　50 公克

洋蔥丁　150 公克

百里香　3 公克

月桂葉　2 片

紅酒　1 公升

牛骨濃汁　1 公升

（作法請參照 p.37）

· **1** ·

將紅蔥頭、洋蔥、百里香、月桂葉與紅酒一起入鍋。

· **2** ·

煮至濃縮到 1/3（約 30 分鐘），濾掉炒料。

· **3** ·

倒入牛骨濃汁，以小火煮約 15 分鐘即可。

青豆醬汁

Pea Sauce

▼

材料（1份）

青豆　100 公克

水　400 毫升

· **1** ·

青豆以冷水煮滾。

· **2** ·

倒入食物調理機。

TIPS

青豆可先去皮，口感更佳。

· **3** ·

攪打均勻即可。

APPETIZERS AND SALAD

開胃菜與沙拉

作為西餐中的第一道菜肴,開胃菜扮演了重要角色,
通常味道較清爽,以達開胃之效;沙拉則算是一種配
菜,其中多樣生菜搭配其他蔬果、海鮮或肉類,呈現
出豐富的口感與美味。

松露蕈菇鵝肝餃
Goose Liver Ravioli With Truffle Sauce

▼

材料（1份）

松露沙司（冷）

黑松露醬	2 大匙
三色甜椒丁	2 大匙
鹽之花	1/4 小匙
白松露油	5 毫升
橄欖油	1 大匙

雪莉沙司（熱）

雞高湯	300 毫升
（作法請參照 p.25）	
紅蔥頭碎	1 大匙
雪莉酒	100 毫升
月桂葉（小）	1 片
鹽和胡椒	各 1/4 小匙

蕈菇鵝肝餃

杏鮑菇切片	3 片
橄欖油	15 毫升
鹽和胡椒	各 1/4 小匙
餛飩皮	6 片
蛋液	1 顆
鵝肝醬	45 公克

紅甜椒粉	適量
蝦夷蔥	適量

· 1 ·

黑松露醬和三色甜椒丁放入器皿。

· 2 ·

加入鹽之花、白松露油提味，拌勻。

· 3 ·

倒入橄欖油,完成松露冷沙司。

· 6 ·

放入月桂葉,以鹽和胡椒調味,用濾網過濾後即完成雪莉熱沙司。

· 4 ·

雞高湯內放入紅蔥頭碎。

· 7 ·

杏鮑菇切成菱形片。

· 5 ·

倒入雪莉酒。

· 8 ·

放至烤盤,淋上橄欖油,以鹽和胡椒調味。

· 9 ·

烤至上色。

· 12 ·

取一片餛飩皮放上鵝肝醬。

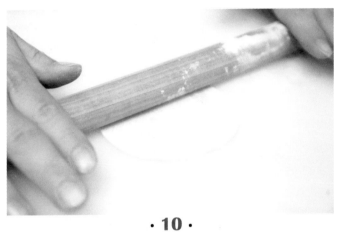

· 10 ·

將餛飩皮分別擀均勻。

· 13 ·

另一片餛飩皮蓋上。

· 11 ·

刷上蛋液。

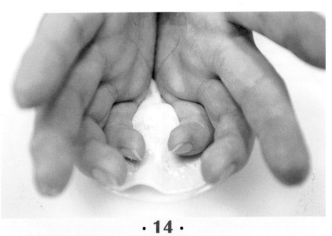

· 14 ·

用小指微壓黏合，並使空氣跑出。

· 15 ·

用慕斯框切出完整的圓形。

· 16 ·

鵝肝餃包好後，放進滾水中煮熟至浮起。

· 17 ·

烤好的杏鮑菇擺盤，放上裝飾道具。

· 18 ·

疊上鵝肝餃。

· 19 ·

淋上松露沙司，並以紅甜椒粉和蝦夷蔥裝飾。

魚子醬蒸海鮮
Steamed Seafood Mousse With Caviar

魚子醬蒸海鮮
Steamed Seafood Mousse With Caviar

▼

材料（1份）

蛋液　100 毫升

蛤蠣高湯　450 毫升

（作法請見 p.30）

味醂　1 小匙

鮮奶油　1 大匙

小青鮑　1 個

淡菜　2 個

草蝦　2 隻

干貝　1 顆

舞菇　35 公克

龍蝦湯　50 毫升

（作法請見 p.135）

芝麻葉　1 片

魚子醬　1 小匙

· 1 ·

蛋液加蛤蠣高湯打勻。

· 2 ·

加入味醂拌勻。

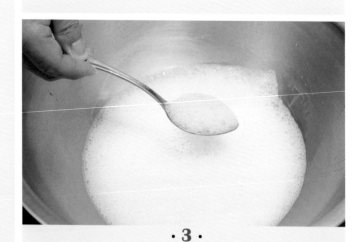

· 3 ·

撈掉泡沫。

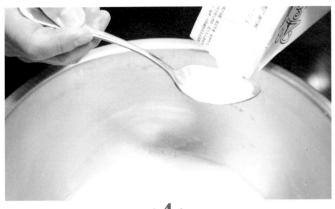

· 4 ·

加入鮮奶油。

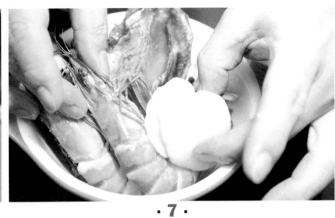

· 7 ·

放進全部海鮮。

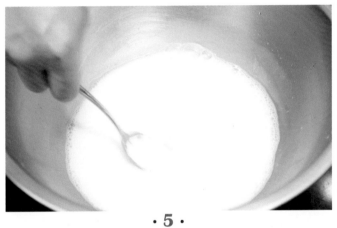

· 5 ·

拌勻後備用。

· 8 ·

倒入作法 5。

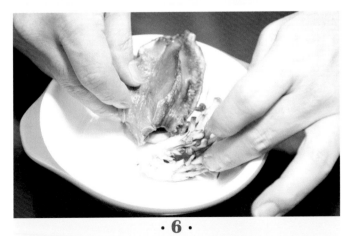

· 6 ·

除干貝以外的海鮮預先氽燙，在烤碗內放入舞菇。

· 9 ·

蒸 25 分鐘即可，盛盤時淋上龍蝦湯，並以芝麻葉
和魚子醬點綴。

—— CHAPTER 4 ——

伯爵三明治
Crock Monsieur

▼

材料（**1 份**）

瑞可塔起士	120 公克
紅椒粉	1 小匙
芥末醬	1 小匙
白吐司	2 片
瑞士起士片	2 片
帕瑪風乾火腿	3 片
起士絲	30 公克
生蛋黃	1 個

· 1 ·

瑞可塔起士、紅椒粉和芥末醬拌勻，完成起士醬。

· 2 ·

在白吐司上抹勻起士醬。

· 3 ·

放上瑞士起士片。

· 6 ·

在吐司上抹起士醬。

· 4 ·

放上帕瑪風乾火腿片。

· 7 ·

吐司修邊。

· 5 ·

蓋上另一片吐司。

· 8 ·

放入烤盤，並撒上起士絲。

· 9 ·

入烤箱，以 180℃ 烤 10 分鐘。

· 12 ·

入烤箱以 250℃ 烤至上色。

· 10 ·

用湯匙在烤好的吐司上壓出凹槽。

· 13 ·

烤好後將吐司從中間切開。

· 11 ·

放上生蛋黃。

龍蝦干貝酥盒
佐義式橙醋
Lobster And Avocado Tart

▼

材料（1份）

冷凍酥皮（大）	1 張
蛋液	1 顆
橄欖油	1 小匙
龍蝦肉	300 公克
奶油	20 公克
新鮮百里香	1 整株
馬鈴薯丁	15 公克
紅蘿蔔丁	15 公克
番茄丁	15 公克
青豆	15 公克
腰果	15 公克
高湯	100 毫升
白酒	2 大匙
鮮奶油	1 大匙
酪梨丁	50 公克
木瓜丁	50 公克
三色甜椒丁	50 公克
紫洋蔥丁	30 公克
薄荷葉碎	1 小匙
特級橄欖油	2 大匙
巴沙米戈醋	3 大匙
綠捲鬚生菜	5 公克
波士頓生菜	5 公克
羅勒葉	1 株
食用金箔	少許

· 1 ·

在酥皮上刷蛋液。

· 2 ·

以圓形幕斯框壓模。

· 3 ·

酥皮疊在一起後，再刷上蛋液。

· 4 ·

以小圈壓模，不要壓到最底下的一片酥皮。

· 7 ·

每一面煎至上色。

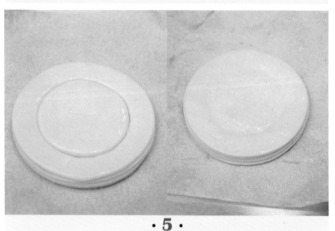

· 5 ·

最後一層酥皮不壓破，才能做出中空酥盒。(圖右
為最底層)

· 8 ·

煎好的龍蝦放進烤盤，放上奶油和百里香。

· 6 ·

取一鍋，倒入橄欖油，放入龍蝦肉。

· 9 ·

入烤箱，以 130℃ 烤 15 分鐘。

· 10 ·

炒過龍蝦的油留用，炒馬鈴薯、紅蘿蔔、番茄、青
豆、腰果。

· 13 ·

鮮奶油入鍋。

· 11 ·

加高湯煮滾。

· 14 ·

煮至收汁，備用。

· 12 ·

放入白酒炒至稍微收汁。

· 15 ·

酪梨、木瓜、三色甜椒、紫洋蔥、薄荷葉放入攪拌
盆中。

· **16** ·

再加入特級橄欖油、巴沙米戈醋。

· **18** ·

以濾網過濾，備用。

· **17** ·

攪拌均勻。

· **19** ·

龍蝦切片。

· 20 ·

打開烤好的酥盒蓋，放入炒好的配菜。

· 22 ·

放上拌過的醬汁料。

· 21 ·

酥盒、龍蝦片擺盤，並以綠捲鬚生菜、波士頓生菜
及羅勒葉裝飾。

· 23 ·

淋上醬汁，以食用金箔點綴。

───── CHAPTER 4 ─────

香芥鮭魚卵

*Angel Hair With Salmon Roe
And Tomato Coulis*

▼

材料（1份）

鮭魚卵　1 大匙

淡醬油　1 小匙

味醂　1 小匙

番茄沙司

白砂糖　15 公克

梅子醋　100 毫升

牛番茄　350 公克

化核應子碎　150 公克

天使麵　40 公克

木耳絲　15 公克

細白蔥絲　5 公克

番茄丁　30 公克

化核應子碎　15 公克

蔥絲　5 公克

TIPS

若鮭魚卵尚未脫膜，浸泡淡醬油和味醂時，
應浸泡至少 1 小時直至脫膜。

· 1 ·

鮭魚卵浸泡淡醬油。

· 2 ·

加入味醂後備用。

· 3 ·

在食物調理機內放入糖。

· 6 ·

放入化核應子。

· 4 ·

倒入梅子醋。

· 7 ·

攪打均勻成番茄沙司,備用。

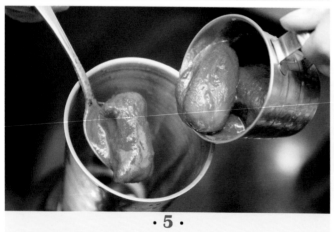

· 5 ·

加入牛番茄。

· 8 ·

燙熟的天使麵、木耳絲、細白蔥絲拌勻。

·9·

番茄丁以手塑形。

·12·

淋上作法7的番茄沙司。

·10·

以筷子將作法8捲起,成橄欖形的捲麵。

·13·

撒上化核應子碎。

·11·

與作法9的番茄丁一同擺盤。

·14·

放上作法2的鮭魚卵,並以蔥絲裝飾。

—— CHAPTER 4 ——

瑞可塔起士菠菜餃
Ravioli Of Truffle Fondue With Cepê

▼

材料（1份）

菠菜餃餡
松露醬　50 公克
瑞可塔起士　100 公克
菠菜　50 公克
牛肝菌菇　30 公克

餛飩皮（16x16cm）　2 片
蛋液　1 顆
松露醬　1 大匙
巴西里碎　1 小匙
山蘿蔔葉　1 株
綠捲鬚生菜　5 公克
番茄丁　15 公克

TIPS

若菠菜餃預先做好，
放冰箱保存時可撒上少許玉米粉，
但因保存期限只有兩天，
建議一次不要做太多的量。

· 1 ·
松露醬拌入瑞可塔起士。

· 2 ·
菠菜燙熟後切碎，拌入。

· 3 ·
牛肝菌菇燙熟後切碎，拌入。

· 4 ·

攪拌均勻成餡料，備用。

· 6 ·

刷上蛋液。

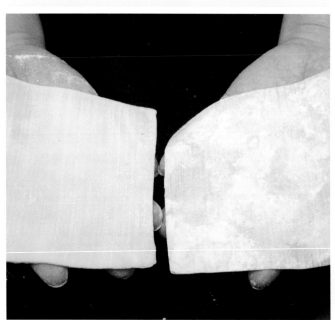

· 5 ·

取餛飩皮，粉多的一面在內（如圖右）。

· 7 ·

放上作法 4。

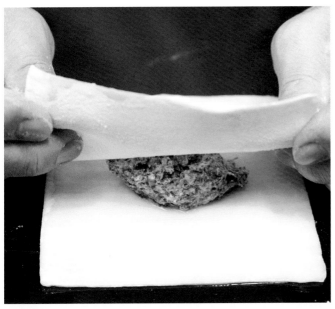

· 8 ·

蓋上另一片餛飩皮（粉多的一面朝內）。

· 10 ·

用慕斯框切成圓形。

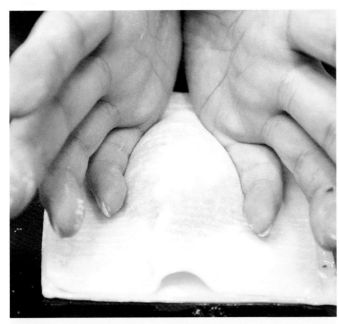

· 9 ·

以小指壓實塑形，並將多餘空氣擠出，炸出來才會好看。

· 11 ·

以油溫180℃炸菠菜餃。擺盤，淋上松露醬和巴西里碎，並以山蘿蔔葉、綠捲鬚生菜及番茄丁裝飾。

奶油波特菇扁餃

Cepê Dumplin
With Port Wine Jus

▼

材料（1份）

馬鈴薯　2顆（約500公克）

奶油　50公克

鮮奶油　50公克

荳蔻粉　1/4 小匙

鹽之花　1/2 小匙

麵粉（擀麵皮用）　2大匙

麵皮　2張

蛋液　1顆

菠菜葉　30公克

波特菇片　60公克

洋菇片　60公克

生蛋黃　1顆

黑松露片　3片

番茄醬汁　150毫升

（作法請參照 p.48）

紅酒醬汁　60毫升

（作法請參照 p.57）

豌豆莢　6個

綠捲鬚生菜　5公克

· 1 ·

取一鍋冷水煮馬鈴薯，煮約25分鐘。

· 2 ·

剝皮後搗碎。

· 3 ·

拌入奶油、鮮奶油、荳蔻粉、鹽之花。

· 4 ·

攪拌均勻後，放入擠花袋備用。

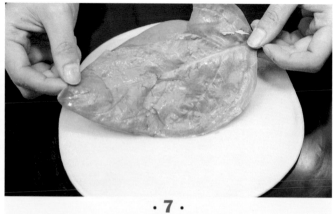

· 7 ·

放上菠菜葉。

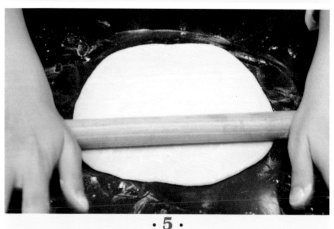

· 5 ·

先撒一些麵粉在桌上防止沾黏，將麵皮 2 張分別擀平（約 0.2 ～ 0.3 公分厚）。

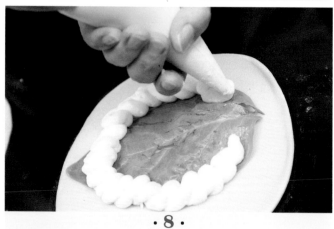

· 8 ·

在菠菜葉上擠一圈作法 4 的馬鈴薯泥。

· 6 ·

麵皮刷上蛋液。

· 9 ·

在馬鈴薯泥的中間放進炒好的波特菇片和洋菇片。

· 10 ·

放至烤盤上（底層先鋪一張烘焙紙）。

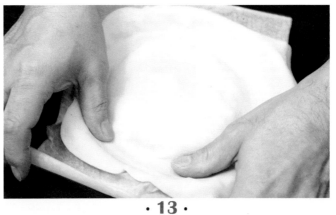

· 13 ·

壓實，擠出空氣。

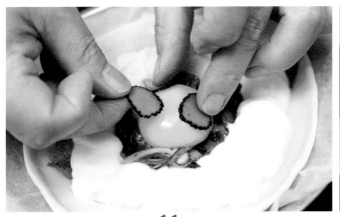

· 11 ·

在炒菇上放生蛋黃和黑松露片。

· 14 ·

切去多餘麵皮。

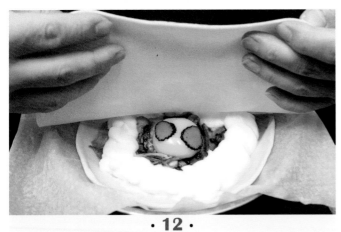

· 12 ·

蓋上另一張麵皮。

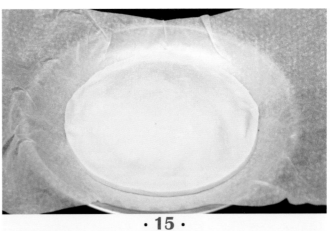

· 15 ·

蒸 12 分鐘後盛盤，淋上番茄醬汁和紅酒醬汁，擺
上燙熟的豌豆莢和綠捲鬚生菜即可。

無花果鮭魚捲
Smoked Salmon With Grilled Fig

▼

材料（1份）

可麗餅皮

低筋麵粉	3/4 杯
蛋液	3 個
澄清奶油	1 大匙
牛奶	160 毫升

煎熟鮭魚	2 片 (40 公克)
瑞可塔起士	1 大匙
酸豆碎	1 小匙
西芹絲	5 公克
鮭魚生魚片	2 片 (30 公克)
新鮮羅勒葉	1 片
三色甜椒丁	30 公克
無花果醬	1 大匙
巴沙米戈醋	1 小匙

TIPS

1.
可麗餅冷凍保存時須用塑膠袋封好，避免與空
氣接觸，退冰時須注意不可沾有太多的水氣。

2.
材料分量中 1 杯 =240 毫升

· 1 ·

低筋麵粉、蛋液、澄清奶油、牛奶拌勻成麵糊，入
鍋煎成可麗餅皮。

· 2 ·

煎至上色且聞到香味後，翻面續煎。

· 3 ·

餅皮起泡後馬上離火，捲起起鍋備用。

·4·

煎熟鮭魚切碎,與瑞可塔起士混合。

·5·

放入切碎的酸豆。

·6·

拌勻成餡料。

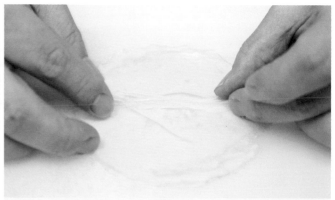

·7·

取煎好的可麗餅皮,放上西芹絲。

·8·

放上作法6拌好的餡料。

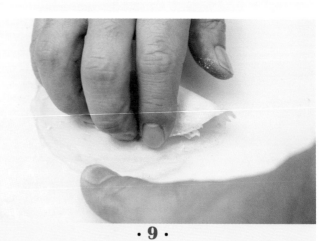

·9·

第一捲時,用手指壓緊實。

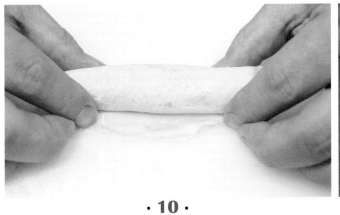

· 10 ·

捲成圓柱形。

· 13 ·

生鮭魚切厚片。

· 11 ·

兩側修邊。

· 14 ·

鮭魚生魚片擺盤，底下鋪羅勒。

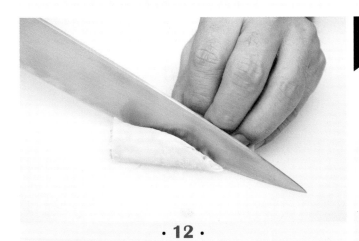

· 12 ·

切斜對半，備用。

· 15 ·

放上三色甜椒丁。

· 16 ·

以 2 支湯匙整圓作法 6 的餡料。

· 18 ·

擺上作法 12 的可麗餅捲。

· 17 ·

放在三色甜椒丁上。

· 19 ·

放上無花果醬,淋巴沙米戈醋。

佛羅倫斯鹹派
Quiche Florence

佛羅倫斯鹹派

Quiche Florence

▼

材料（1份）

派皮

低筋麵粉　250 公克

奶油　125 公克

鮮奶（或冰水）　25 毫升

內餡

橄欖油　1 小匙

洋蔥　45 公克

培根　45 公克

鮮奶油　180 毫升

蛋液　1 個

起士絲　90 公克

波士頓生菜　20 公克

羅拉羅莎生菜　20 公克

綠捲鬚生菜　20 公克

水田芥　10 公克

紅甜椒粉　少許

食用金箔　0.1 公克

TIPS

作法 17 中撒上起士絲時，
盡量不要碰到烤盤邊，否則派皮會不易烤熟。

· 1 ·

低筋麵粉與奶油稍微揉捏混合。

· 2 ·

倒入牛奶揉捏成麵團。

· 3 ·

揉好的麵團放至烤盤紙上。

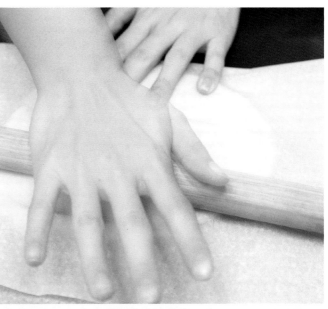

· 5 ·

用擀麵棍擀平成麵皮。

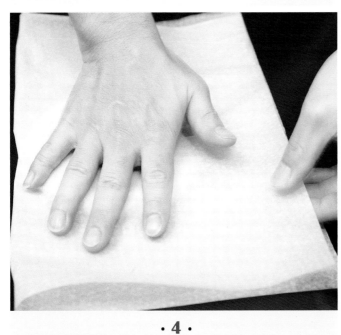

· 4 ·

蓋住壓平。

· 6 ·

擀好的麵皮鋪在派盤內。

· 7 ·

用手指輕壓邊緣，使麵皮與派盤貼合，並擠壓出空氣。

· 10 ·

取一鍋，倒入橄欖油。

· 8 ·

用刮板刮除多餘麵皮。

· 11 ·

洋蔥、培根切絲，入鍋炒香。

· 9 ·

再次以手指輕壓邊緣，壓出空氣，備用。

· 12 ·

炒香 20 分鐘後起鍋，備用。

· 13 ·

鮮奶油與蛋液倒入鋼盆。

· 16 ·

淋上作法 14（約 9 分滿）。

· 14 ·

攪拌均勻。

· 17 ·

均勻撒上起士絲。

· 15 ·

在作法 9 的派皮中放入作法 12，均勻鋪平。

· 18 ·

入烤箱以 180℃烤 25 分鐘，再用 250℃烤至上色，
擺盤，放上全部生菜，以紅甜椒粉和食用金箔裝飾。

—— CHAPTER 4 ——

香煎干貝
水牛起士佐羅勒醬

Pan-Seared Scallop
With Buffalo Mozzarella

▼

材料（1份）

牛番茄　1個（約140公克）

水牛起士　80公克

羅勒葉　3片

青醬　2大匙

（作法請參照 p.45）

日本干貝（特大）　1顆

牛番茄丁　30公克

TIPS

水牛起士容易變質，須盡快食用完畢。

· 1 ·

牛番茄洗淨後去蒂頭，剖半切片。

· 2 ·

水牛起士切片。

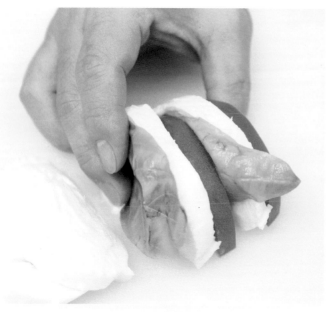

· **3** ·

番茄片、水牛起士片、羅勒葉重複交疊。

· **5** ·

擺上作法 3。

· **4** ·

青醬淋盤。

· **6** ·

以噴槍炙燒干貝,使表面呈金黃微焦。在盤上鋪牛番茄丁,放上干貝。

鯷魚翠綠沙拉
Anchovy Green Salad

鯷魚翠綠沙拉
Anchovy Green Salad

▼

材料（1份）

波士頓生菜	30 公克
蘿蔓生菜	20 公克
芝麻菜	10 公克
羅勒嫩葉	5 公克
綠捲鬚生菜	5 公克
鯷魚	20 公克
基本油醋	1 大匙

TIPS

1.

生菜泡水後容易有水傷（腐爛），保存時須特別注意且仔細挑揀。

2.

基本油醋的作法：

油和醋的比例為 3：1，可加一些蒜頭碎、洋蔥碎提味。

· 1 ·

波士頓生菜稍微凹邊，擺盤使其立起。

· 2 ·

放上蘿蔓生菜。

· 3 ·

將芝麻菜、羅勒嫩葉在手上抓好。

· 5 ·

放上綠捲鬚生菜和鰻魚。

· 4 ·

擺上。

· 6 ·

擺上。最後淋上油醋即可。

---- CHAPTER 4 ----

野菇沙拉
Roasted Wild Mushroom Salad

▼

材料（1 份）

美白菇	40 公克
鴻喜菇	40 公克
舞菇	40 公克
鹽和胡椒	1/2 小匙
橄欖油	3 大匙

木瓜沙司

沙拉油	1 杯
白細砂糖	1 杯
工研白醋	1 杯
海鹽	1 小匙
熟木瓜籽	2 大匙
白洋蔥碎	1 杯
英式芥末粉	1 小匙

菠菜葉	30 公克
波士頓生菜	20 公克
小紅番茄	3 個
小黃番茄	3 個
水田芥	20 公克
綠捲鬚生菜	10 公克
羅勒	5 公克

· 1 ·

將美白菇、鴻喜菇、舞菇放在烤盤上，撒鹽和胡椒調味。

· 2 ·

淋上橄欖油。

開胃菜與沙拉 · *Appetizers And Salad*　　109

· 3 ·

入烤箱，烤至上色。

· 6 ·

加入工研白醋。

· 4 ·

在食物調理機內（或果汁機）倒入沙拉油。

· 7 ·

放進海鹽。

· 5 ·

放入白細砂糖。

· 8 ·

加進熟木瓜籽。

· 9 ·

放入白洋蔥碎,撒英式芥末粉混合打勻。

· 12 ·

放上切對半的紅、黃小番茄。

· 10 ·

攪打均勻成木瓜沙司,備用。

· 13 ·

擺上水田芥、綠捲鬚生菜。

· 11 ·

菠菜葉、波士頓生菜擺盤,放上烤好的菇。

· 14 ·

加上羅勒,淋上木瓜沙司即可。

聖塔非沙拉
Santa Fe Salad

▼

材料（1份）

竹炭沙司

竹炭鹽	3 公克
白酒醋	半杯
胡椒	1/4 小匙
雪莉醋	2 大匙
白蘭地	1 大匙
橄欖油	3 大匙
百里香葉	1/2 小匙
洋蔥丁	10 公克
紅蔥頭碎	5 公克
蒜末	5 公克
牛肝菌橄欖油	1 大匙

22 盎司玉米餅	1 片
山蘿蔔葉	5 公克
芝麻葉	5 公克
紅圓生菜	15 公克
羅勒	5 公克
波士頓生菜	20 公克
紅捲鬚生菜	10 公克
美生菜	20 公克
紅捲葉	10 公克
水田芥	20 公克
水煮雞胸肉	40 公克
木瓜	40 公克

· **1** ·

取竹炭鹽放在紙巾上。

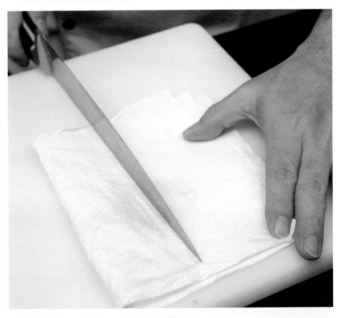

· **2** ·

用紙巾蓋住，以刀背切碎。

· 3 ·

將白酒醋倒入量杯。

· 4 ·

放入切碎的竹炭鹽。

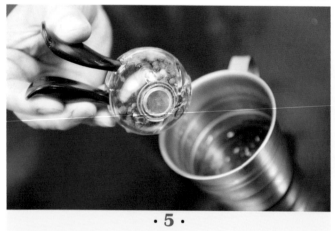

· 5 ·

加入胡椒。

· 6 ·

倒入雪莉醋。

· 7 ·

加白蘭地。

· 8 ·

在食物調理機內加入橄欖油。

· 9 ·

倒入調好的作法7。

· 12 ·

加入紅蔥頭碎。

· 10 ·

加百里香葉。

· 13 ·

加入蒜末。

· 11 ·

放入洋蔥丁。

· 14 ·

放入牛肝菌橄欖油。

· 15 ·

攪打均勻。

· 18 ·

用工具輔助使其炸成 L 形。

· 16 ·

竹炭沙司倒入器皿，備用。

· 19 ·

炸好後瀝油，備用。

· 17 ·

以 180℃油溫炸玉米餅。

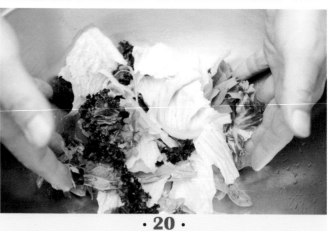

· 20 ·

取 9 種生菜在沙拉盆裡混合均勻。

· 21 ·

玉米餅盛盤，擺上拌好的生菜。

· 24 ·

雞胸肉片與木瓜片兩兩交疊。

· 22 ·

水煮雞胸肉切薄片。

· 25 ·

作法24鋪在生菜上，並淋上竹炭沙司。

· 23 ·

木瓜切薄片。

酪梨海鮮沙拉

Seafood Salad with Salmon Roe,
Avocado Dressing

▼

材料（**1** 份）

酪梨醬

酪梨丁	100 公克
鮮奶	60 毫升
海鹽	2 公克
美乃滋	1 大匙

鮭魚切片	120 公克
生干貝	1 個
中卷	50 公克
山蘿蔔葉	1 株
番茄莎莎醬	2 大匙
鮭魚卵	1 小匙
蝦夷蔥碎	1 小匙
白松露油	1 小匙

· 1 ·

酪梨丁放入碗中，加入鮮奶。

· 2 ·

以均質機攪打均勻。

· 3 ·

加入海鹽。

· 4 ·

作法 3 與美乃滋等比例（1：1）混合拌勻，成酪梨醬備用。

· 7 ·

把捲好的鮭魚片立起。

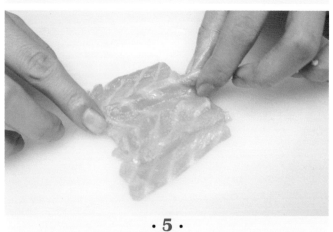

· 5 ·

鮭魚退冰後切約 5 公分長的薄片，交疊。

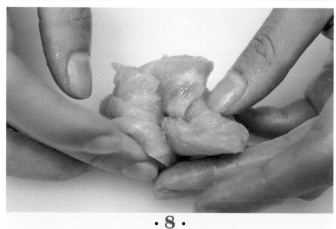

· 8 ·

將上緣的鮭魚片像開花一樣撥開定形。

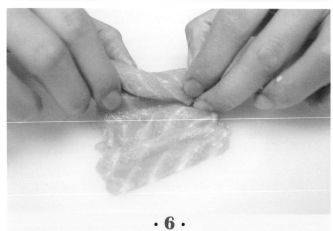

· 6 ·

捲起。

· 9 ·

蒸 6 分鐘後，可用噴槍加強上色。

· 10 ·

生干貝用奶油煎熟，剁成干貝絲。

· 13 ·

放上干貝絲和山蘿蔔葉。

· 11 ·

作法4的酪梨醬盛盤，放上燙熟的中卷段。

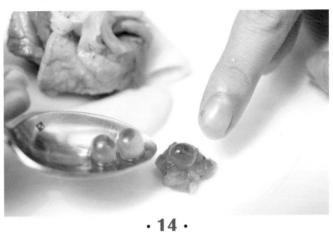

· 14 ·

放上番茄莎莎醬，並擺上鮭魚卵。

· 12 ·

作法9的鮭魚花捲擺盤。

· 15 ·

蝦夷蔥切碎後與白松露油混合，淋在盤上。

—— CHAPTER 5 ——

SOUPS

湯品

湯品是西餐中的第二道菜肴，不論是清爽的、濃郁的，各自有著特色和滋味，不僅暖和了胃，也讓味蕾變得更加飽滿。

奶油海膽蒜頭湯

*Cream Of Garlic Soup
With Sea Urchin*

▼

材料（12 份）

奶油	100 公克
蒜末	1.1 公斤
洋蔥丁	900 公克
月桂葉	1 片
雞高湯	2 公升
（作法請參照 p.25）	
U.H.T 鮮奶油	1 公升
白酒	1 匙
海膽	4 大匙
檸檬汁	1 小匙
鹽	36 公克
胡椒	15 公克
蝦夷蔥碎	少許

· 1 ·

奶油、蒜末、洋蔥、月桂葉入鍋。

· 2 ·

炒出香氣。

· 3 ·

倒入雞高湯，煮滾後關小火煮 1 小時，再與鮮奶油混合拌勻。

· 4 ·

加入白酒，以大火將白酒煮至濃縮成一半，挑掉月桂葉。

· 6 ·

以檸檬汁泡海膽，其酸性可使海膽稍微熟成且殺菌，亦可增添風味。

· 5 ·

放入食物調理機打勻備用。

· 7 ·

將打好的作法 5 放回鍋中煮，以鹽和胡椒調味，再放入海膽，撒蝦夷蔥碎點綴。

水波綠蘆筍湯
Asparagus Soup With Soft Poached Egg

水波綠蘆筍湯

*Asparagus Soup With Soft
Poached Egg*

▼

材料（4 份）

奶油　4 大匙

洋蔥丁　200 公克

去皮綠蘆筍　600 公克

去皮馬鈴薯丁　2 顆

雞高湯　1 公升

（作法請參照 p.25）

水波蛋　4 顆

麵包丁　12 顆

紅甜椒粉　1/2 小匙

茵陳蒿　4 株

TIPS

湯品裝碗時，水波蛋需用 62 ～ 65℃的溫度保
溫約 5 分鐘，確定夠熱即可上菜。
（此溫度為食材的危險溫度範圍，不可保溫超
過 15 分鐘），水波蛋亦不可隔餐食用。

▼
水波蛋

· 1 ·

白醋及水的比例為 1：6，取出冷藏蛋放至回溫（煮
出來的皮較不易皺），放入煮到微滾的醋水中（維
持在一定溫度，約 92℃）。

· 2 ·

煮 3 分鐘後轉大火使水波蛋成形。

· 3 ·

用篩網撈出，以冷開水冰鎮避免繼續變熟，備用。

▼
綠蘆筍泥湯

· 1 ·
用奶油將洋蔥炒軟，再放入綠蘆筍和馬鈴薯略炒。

· 4 ·
作法 3 放回鍋中續煮至滾，並持續攪拌防止燒焦。因綠蘆筍湯含葉綠素，加熱時間勿過長避免顏色變黃。裝碗後放入水波蛋、麵包丁，撒紅甜椒粉及茵陳蒿裝飾。

TIPS

綠蘆筍泥湯的作法 3 中，若用果汁機打泥，
需先將作法 2 隔水冰鎮放涼後再使用。

· 2 ·
倒入雞高湯，煮滾後關小火，續煮約 10 ～ 15 分鐘。

· 3 ·
以食物調理機打成泥備用。

松露雞肉清湯
Chicken Consommé With Sliced Truffle

▼

材料（1份）

雞肉丸子

綜合堅果	10 公克
雞胸肉	60 公克
竹笙	3 片

雞肉清湯（4 份）

雞高湯	1 公升
（作法請參照 p.25）	
雞胸肉	400 公克
洋蔥	30 公克
蒜頭	15 公克
紅蘿蔔	15 公克
西芹	15 公克
蛋白	2 顆
百里香	1/2 小匙
月桂葉	1 片
白蘭地	1 大匙
白酒	2 大匙
松露片	3 片
蝦夷蔥碎	適量

▼

雞肉丸子

· 1 ·

綜合堅果剁碎。

· 2 ·

雞胸肉剁成泥，混合後揉成球狀。

· 3 ·

用汆燙過的竹笙套住捏好的作法 2，蒸 5 分鐘備用。

雞肉清湯

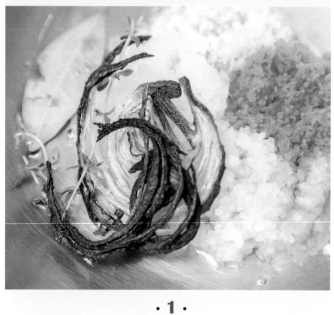

· 1 ·

將洋蔥烤上色，洋蔥、蒜頭、紅蘿蔔、西芹切碎，
加入蛋白、百里香和月桂葉。

· 3 ·

倒入白蘭地、白酒，拌勻。

· 2 ·

雞胸肉剁成泥，放入。

· 4 ·

在冷的雞高湯內加入作法 3 煮 45 分鐘。

· 5 ·

煮的過程中，料會浮起並逐漸成團。

· 7 ·

清湯裝碗備用。

· 6 ·

濾網中放上紗布，濾掉湯裡的料。

· 8 ·

松露切片，與蒸好的雞肉丸子放入湯碗內，以蝦夷蔥碎裝飾。

── CHAPTER 5 ──
龍蝦湯
Lobster Bisque

▼

材料（5 公升）

龍蝦殼　1 公斤
劍蝦　5 公斤
奶油　1 大匙
洋蔥丁　500 公克
紅蘿蔔丁　250 公克
西芹丁　200 公克
蒜苗丁　100 公克
番茄丁　2 公斤
乾蔥丁　100 公克
蒜末　50 公克
紅蔥頭碎　50 公克
月桂葉　6 片
茵陳蒿　12 株
百里香　10 株
番茄糊　150 公克
魚高湯　10 公升
（作法請參照 p.23）
麵粉　50 公克
白蘭地　150 毫升
白酒　150 毫升
蛋黃　1 顆（約 15 公克）
龍蝦腦　15 公克
鮮奶油　15 毫升

· 1 ·

龍蝦殼與劍蝦入烤箱，以 180℃烤至上色，烤約 25
分鐘。

· 2 ·

以奶油炒洋蔥、紅蘿蔔、西芹、蒜苗、番茄、乾蔥、
蒜末、紅蔥頭、月桂葉、茵陳蒿及百里香，並加入
番茄糊。

· 3 ·

放入烤過的龍蝦殼和劍蝦，炒半小時。

· 6 ·

加進麵粉，小火煮約 10 分鐘。

· 4 ·

將蝦殼搗爛，煮的時候才能出味。

· 7 ·

放白蘭地煮至酒精完全揮發。

· 5 ·

倒入魚高湯。

· 8 ·

再放入白酒，煮約 10 分鐘，煮滾後關小火，續煮約 40 分鐘。

· **9** ·

用細濾網過濾,可稍微擠壓蝦殼使其更容易出汁。

· **10** ·

蛋黃、龍蝦腦與鮮奶油以 1:1:1 的比例拌勻。

TIPS

龍蝦的處理方法請參照 p.18,
龍蝦殼可用來熬湯。

· **11** ·

作法 10 倒入湯內煮滾,增加濃稠度。

—— CHAPTER 5 ——
義式番茄濃湯
Tomato Soup

▼

材料（2份）

橄欖油　1 小匙
百里香　1/4 小匙
九層塔　3 片
蒜末　5 公克
去皮紅番茄　6 顆
番茄糊　20 公克
蒜苗　30 公克
雞高湯　600 毫升
（作法請參照 p.25）
雪莉酒　2 大匙
海鹽　1/2 小匙
胡椒　1/2 小匙
山蘿蔔葉　1 株

·1·

取厚底鍋倒入橄欖油。

·2·

將百里香、九層塔、蒜末、切好的番茄丁與番茄糊
放進鍋內。

· 3 ·

炒出香氣。

· 4 ·

加入切段蒜苗拌炒，倒入雞高湯。

· 5 ·

以均質機攪打均勻。

· 6 ·

加入雪莉酒、海鹽和胡椒調味，裝碗並以山蘿蔔葉
裝飾。

牛肉蔬菜清湯
Beef Consommé

牛肉蔬菜清湯

Beef Consommé

▼

材料（4 份）

西芹碎　12 公克

洋蔥碎　30 公克

紅蘿蔔碎　15 公克

蒜苗碎　5 公克

番茄碎　15 公克

百里香　1 公克

迷迭香　1 公克

月桂葉　1 片

巴西里梗　3 公克

蛋白　2 顆

白胡椒粒　1 小匙

牛胸肉碎（用瘦的下肉）　150 公克

白蘭地　100 毫升

白酒　150 毫升

牛高湯（或水）　1.5 公升

（作法請參照 p.33）

TIPS

1.

西芹、洋蔥、紅蘿蔔、蒜苗和番茄皆屬於味道
較獨特強烈的蔬菜，不需加太多避免搶味。

2.

過濾作法可參照 p.133 松露雞肉清湯的作法 6。

· 1 ·

準備全部的蔬菜、香料、蛋白和白胡椒粒。

· 2 ·

放入牛胸肉碎。

· **3** ·

倒入白蘭地。

· **5** ·

攪拌均勻。

· **4** ·

倒入白酒。

· **6** ·

作法 5 與冷的牛高湯混合，輕拌防止沾鍋，有熱度
且料開始凝聚後不再攪拌（維持在 90℃）。料浮
起時，濾網中放上紗布，過濾即可。

法式焗洋蔥湯
Onion Soup

▼

材料（4 份）

鵝油　30 公克

洋蔥絲　300 公克

百里香　3 公克

迷迭香　3 公克

奶油　1 小匙

白酒　30 毫升

白蘭地　30 毫升

牛高湯　1.2 公升

（作法請參照 p.33）

鹽和胡椒　各 1/2 小匙

法國麵包　50 公克

瑞士起士　60 公克

紅甜椒粉　少許

TIPS

鵝油因較難取得，可用雞油替代。

· 1 ·

鵝油入鍋。

· 2 ·

炒洋蔥絲以增添香氣。

· 3 ·

放入百里香、迷迭香續炒至褐色。

· 6 ·

改小火煮約 20 分鐘後以鹽和胡椒調味。

· 4 ·

加入奶油、白酒、白蘭地拌炒。

· 7 ·

法國麵包鋪上瑞士起士。

· 5 ·

再倒入牛高湯煮滾。

· 8 ·

入烤箱烤至上色後，作法 6 裝碗，放上烤好的法國
麵包，可撒紅甜椒粉點綴提味。

海膽朝鮮薊奶油湯

Cream Of Artichoke Soup With Urchin Cream

海膽朝鮮薊奶油湯
Cream Of Artichoke Soup With Urchin Cream

▼

材料（4份）

朝鮮薊	300 公克
奶油	30 公克
馬鈴薯丁	200 公克
洋蔥末	100 公克
白酒	30 毫升
雞高湯	1 公升
（作法請參照 p.25）	
鮮奶油	100 毫升
百里香葉	1/2 小匙

海膽奶油

海膽	50 公克
鮮奶油	50 毫升

TIPS

1.

朝鮮薊容易變黑，若從冷藏取出，
退冰後可泡在淡檸檬鹽水中防止變色。

2.

海膽奶油容易變味，準備當天的量即可。

· 1 ·

朝鮮薊切丁，與奶油、馬鈴薯和洋蔥末入鍋。

· 2 ·

混合拌炒。

· 3 ·

倒入白酒。

· 4 ·

加入雞高湯煮 20 分鐘。

· 5 ·

加入鮮奶油煮滾。

· 6 ·

以均質機拌勻（或放涼後用果汁機攪打），裝碗後備用。將海膽與鮮奶油 50 毫升混合，拌好後加 1 小匙入湯，撒百里香葉。

帕瑪火腿錦豆湯
Split-Pea Broth Parma Ham

▼

材料（4 份）

雞心豆　60 公克

黃色半邊豆　30 公克

綠色半邊豆　30 公克

扁豆　30 公克

橄欖油　1 大匙

月桂葉　1 片

洋蔥丁　60 公克

蒜苗丁　30 公克

帕瑪風乾火腿丁　60 公克

紅蘿蔔丁　60 公克

雞高湯　1 公升

（作法請參照 p.25）

鹽和胡椒　各 1/4 小匙

TIPS

豆類湯無法長時間保存，容易變酸及變味。

· 1 ·

製作的前一天，先將 4 種豆子分別用容器泡水放隔夜備用。取厚底湯鍋放入橄欖油，下月桂葉。

· 2 ·

油熱時放入洋蔥、蒜苗、帕瑪火腿、紅蘿蔔。

· 3 ·

微炒至出味。

· 5 ·

倒入雞高湯以大火煮滾後，轉小火續煮約 20 分鐘。
用鹽和胡椒調味，開大火煮滾後再轉小火，煮約
30 分鐘後，可先嘗味道，豆子只要熟透即可（避
免煮太爛或爆開）。

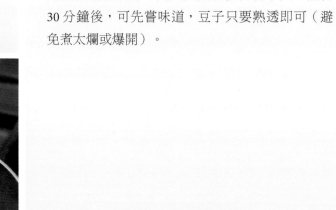

· 4 ·

濾乾泡水的豆子，加進作法 3 拌炒。

蔬菜海鮮湯
Bouillabaisse

CHAPTER 5
蔬菜海鮮湯
Bouillabaisse

▼

材料（6 份）

鱸魚片	180 公克
鹽和胡椒	各 1/4 小匙
麵粉	2 大匙
橄欖油	1 大匙
奶油	15 公克
白酒	80 毫升
牛肝菌風味橄欖油	1 大匙
洋蔥丁	100 公克
紅蘿蔔丁	100 公克
番茄丁	250 公克
芹菜丁	80 公克
蒜苗	80 公克
蒜末	15 公克
白酒	150 毫升
白蘭地	150 毫升
番茄糊	1 大匙
新鮮茴香葉	15 公克
龍蝦湯	2 公升

（作法請參照 p.135）

草蝦	6 隻
鮑魚	6 個
干貝	6 個

TIPS

魚肉的切割處理作法請參照 p.16

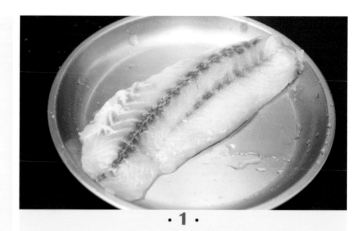

· 1 ·

鱸魚去皮、魚刺，以鹽和胡椒調味。

· 2 ·

魚片兩面均勻沾裹麵粉。

· 3 ·

用手拍去魚片上多餘的麵粉。

· 4 ·

鍋內加橄欖油及奶油。

· 7 ·

離火，加入白酒。

· 5 ·

原為魚肉的該面朝下先入鍋（即原魚皮面朝上），煎至上色。

· 8 ·

以小火收汁後即可，備用。

· 6 ·

翻面後續煎至熟。

· 9 ·

取另一鍋加入牛肝菌風味橄欖油。

· 10 ·

將洋蔥、紅蘿蔔、番茄、芹菜、蒜苗、蒜末放入鍋
內炒。

· 12 ·

加番茄糊拌炒。

· 11 ·

倒入白酒、白蘭地。

· 13 ·

摘取一些新鮮茴香葉，放入。

· 14 ·

加入龍蝦湯作湯底。

· 16 ·

海鮮煮熟後先撈起,將湯盛碗,再擺上海鮮與煎鱸魚片。

· 15 ·

草蝦先燙熟,鮑魚切片,與干貝一起入鍋。

MAIN COURSES OF SEAFOOD AND OTHERS

主菜 ‧ 海鮮 或其他類

不同於肉類帶來的強烈滋味，以魚、蝦、貝類等新鮮食材，
烹調出細膩又富足的海味料理。

CHAPTER 6

番紅花軟殼蟹

Soft Crab With Saffron Cream Sauce

▼

材料（1份）

天婦羅麵糊

蛋白　3 個

沙拉油　15 毫升

低筋麵粉　150 公克

冰水　100 毫升

軟殼蟹　2 隻

小黃瓜條　2 條

紅蘿蔔條　2 條

馬鈴薯條　2 條

奶油　30 公克

鹽和胡椒　1/4 小匙

糖　1 大匙

水田芥　10 公克

番紅花奶油醬

馬鈴薯泥　200 公克

（作法請參照 p.89 奶油波特菇扁餃的作法 1、2）

U.H.T. 鮮奶油　50 毫升

牛奶　30 毫升

奶油　30 公克

番紅花絲　1 公克

鹽和胡椒　1/2 小匙

· 1 ·

蛋白打到全發。

· 2 ·

加入沙拉油。

· 3 ·

加入低筋麵粉。

· 4 ·

慢慢加入冰水，攪打均勻。

· 7 ·

軟殼蟹沾裹作法 5 的麵糊，蟹腳朝下先入油鍋炸約
2.5 分鐘（炸完腳會張開）。

· 5 ·

完成天婦羅麵糊，備用。

· 8 ·

瀝油備用。

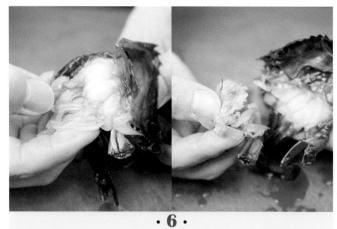

· 6 ·

軟殼蟹去腮。

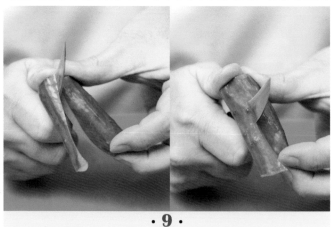

· 9 ·

小黃瓜條以彎刀削成大小一致的橄欖形狀。

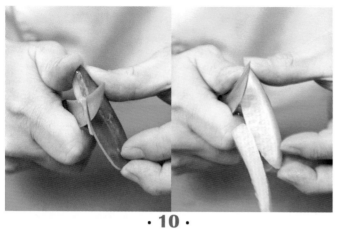

· 10 ·

重複此動作，修整形狀。

· 13 ·

三色橄欖下炒鍋，加入奶油。

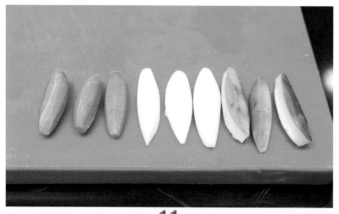

· 11 ·

以同樣方法將紅蘿蔔、馬鈴薯條削成橄欖形狀。

· 14 ·

放入鹽和胡椒。

· 12 ·

入鍋汆燙。

· 15 ·

加糖。

· 16 ·

拌炒。

· 17 ·

將馬鈴薯泥、U.H.T. 鮮奶油、牛奶、奶油、番紅花絲、鹽和胡椒混合均勻,製成番紅花奶油醬。

· 18 ·

番紅花奶油醬盛盤,以三色橄欖裝飾。

· 19 ·

瀝油完成的炸軟殼蟹切半。

· 20 ·

擺盤,以水田芥裝飾。

TIPS

1.

軟殼蟹要去腮,以免產生腥味;冷凍的軟殼蟹需以冷藏解凍,退冰後濾乾,不可沖水或泡在退冰融化的水裡。

2.

攪打好的天婦羅麵糊容易發酵,要放在冰箱保存。番紅花奶油醬則不可保溫,建議現做較好,如太稠可加高湯稀釋。

爐烤鱈魚佐龍蝦醬汁

Porcini-Dusted Cod With Lobster Sauce

CHAPTER 6

爐烤鱈魚佐龍蝦醬汁

Porcini-Dusted Cod
With Lobster Sauce

▼

材料

圓鱈	150 公克
鹽和胡椒	各 1/4 小匙
奶油	30 公克
白酒	1/4 小匙
波特酒	3 大匙
奶油	40 公克
奶油	10 公克
蒜末	50 公克
豆苗	30 公克
黑橄欖	2 大匙
蔓越莓	2 大匙
青豆燉飯	200 公克
龍蝦湯	3 大匙

（作法請參照 p.135）

細綠蘆筍	3 枝
芝麻葉	1 片

TIPS

青豆燉飯作法請參照 p.233 的威尼斯蔬菜燉飯，將材料中的蔬菜替換成青豆即可。

· 1 ·

圓鱈先以鹽和胡椒調味，鍋內放奶油 30 公克。

· 2 ·

圓鱈入鍋煎至金黃色，多餘的魚皮可作裝飾備用。

· 3 ·

加白酒。

· 4 ·

圓鱈翻面後加入波特酒續煎。

· 7 ·

放進蒜末。

· 5 ·

作法 4 放上奶油 40 公克，入烤箱烤 12 分鐘。

· 8 ·

加入豆苗、黑橄欖、蔓越莓拌炒至軟。

· 6 ·

取一炒鍋放入奶油 10 公克。

· 9 ·

將烤好的圓鱈以方形慕斯模壓模。

· 10 ·

放上青豆燉飯，壓實使其定形。

· 12 ·

炒好的作法 8 盛盤。

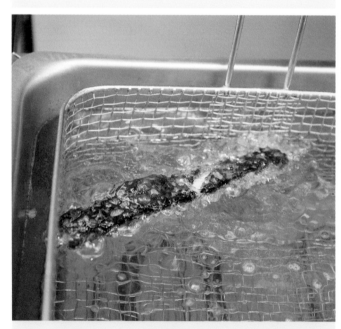

· 11 ·

把多餘的魚皮放入油鍋炸酥，備用。

· 13 ·

淋上龍蝦湯。

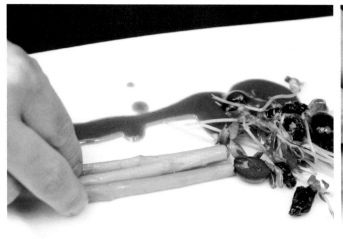

· 14 ·

燙熟的蘆筍分切兩段，蘆筍尾段鋪底。

· 16 ·

再放上蘆筍頭。

· 15 ·

放上作法 10 並脫模。

· 17 ·

以炸魚皮、芝麻葉裝飾。

—— CHAPTER 6 ——

爐烤干貝明蝦

Roasted King Prawn
With Ink Sauce

▼

材料（1份）

明蝦　1 隻（約 150 公克）

鮮干貝　4 個

毛豆仁　200 公克

奶油　10 公克

番茄糊　1 大匙

蝦夷蔥碎　1 小匙

鹽和胡椒　各 1/2 小匙

白蘿蔔　20 公克

菠菜葉　1 片

墨魚汁　2 大匙

魚高湯　100 毫升

（作法請參照 p.23）

綠捲鬚生菜　5 公克

羅勒葉　1 株

七色蔬菜

黃櫛瓜丁　15 公克

綠櫛瓜丁　15 公克

紅蘿蔔丁　15 公克

茄子丁　15 公克

番茄丁　15 公克

西芹丁　15 公克

洋蔥丁　15 公克

· 1 ·

除去明蝦的蝦腳。

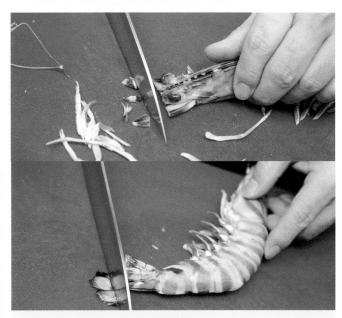

· 2 ·

尖端和尾巴同樣除去。

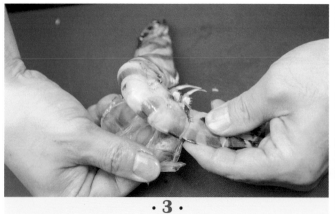

· 3 ·

將明蝦的殼剝除。

· 6 ·

鮮干貝放入食物調理機，攪打成干貝慕斯。

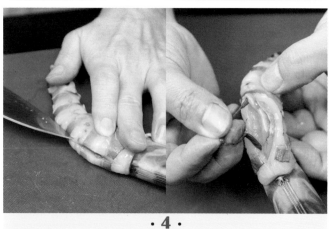

· 4 ·

開背以挑掉腸泥。

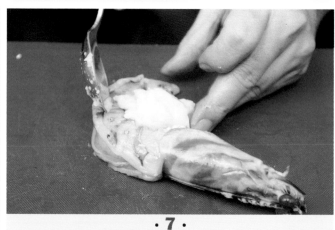

· 7 ·

把干貝慕斯填入明蝦腹部。

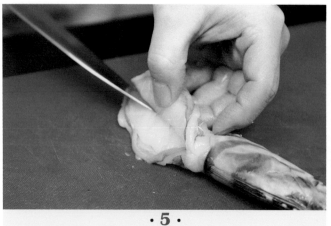

· 5 ·

將蝦背切開一些（不用切斷），備用。

· 8 ·

作法 7 放在保鮮膜上包好定形，蒸約 10 分鐘。

172 — CHAPTER 6 —

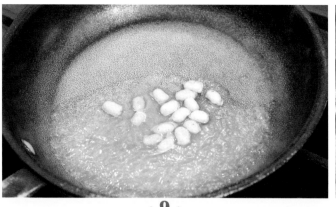

· 9 ·

毛豆仁加水煮熟。

· 12 ·

加番茄糊炒勻

· 10 ·

放奶油炒至稍微收乾。

· 13 ·

放蝦夷蔥碎並以鹽和胡椒調味，備用。

· 11 ·

放入七色蔬菜拌炒。

· 14 ·

燙熟的白蘿蔔以圓形模具壓模。

· 15 ·

脫模後用燙熟的菠菜葉包住。

· 18 ·

墨魚汁混合魚高湯一起熬煮，煮至呈黑色湯汁，倒在盤上鋪底。

· 16 ·

取另 1 片燙熟的白蘿蔔，壓模後留在模具內，並填入蔬菜炒料，壓實定形。

· 19 ·

放上作法 17。

· 17 ·

脫模後，與作法 15 疊在一起。

· 20 ·

擺上蒸好的作法 8，以綠捲鬚生菜及羅勒葉裝飾。

諾曼地明蝦

Seared King Prawn With Normandy Sauce

諾曼地明蝦

Seared King Prawn With Normandy Sauce

▼

材料（1份）

奶油煨飯

奶油	25 公克
蒜末	5 公克
洋蔥末	5 公克
紅蔥頭末	5 公克
波特酒	1 大匙
泰國米	50 公克
蟹肉	8 ～ 10 塊
蘑菇丁	50 公克
魚高湯	200 毫升

（魚高湯作法請參照 p.23）

龍蝦湯	3 大匙
蝦夷蔥碎	1 小匙

煎明蝦

明蝦	3 隻
白酒	30 毫升
奶油	1 小匙
橄欖油	1 小匙
白蘭地	30 毫升
鹽和胡椒	各 1/4 小匙

諾曼地醬汁

洋蔥末	1 小匙
紅蔥頭末	1 小匙
蒜末	1 小匙
蟹肉	6 ～ 8 塊
蛤蠣肉	10 個
白酒	1 大匙
蘑菇片	20 公克
龍蝦湯	5 大匙

（龍蝦湯作法請參照 p.135）

鮮奶油	1 大匙
水田芥	5 公克
魚子醬	1 小匙
三色甜椒丁	30 公克
羅勒葉	5 公克

TIPS

明蝦容易變黑，請用冰塊保持低溫
（不可泡水）。

· 1 ·

用奶油炒香蒜末、洋蔥、紅蔥頭，倒入波特酒。

· 2 ·

加入預先泡過魚高湯的泰國米拌炒。

· 3 ·

放入蟹肉及蘑菇。

· 4 ·

拌炒均勻。

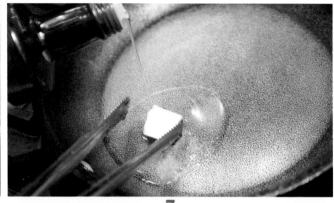

· 7 ·

在生明蝦上淋白酒稍微醃製，鍋內加奶油、橄欖油熱鍋。

· 5 ·

分別加入 2 次魚高湯，加龍蝦湯拌勻。

· 8 ·

放入明蝦煎至上色。（醃蝦的酒汁備用）

· 6 ·

起鍋前放入蝦夷蔥碎。

· 9 ·

淋上醃製明蝦時剩餘的酒汁。

· 10 ·

加入白蘭地。

· 13 ·

加入白酒。

· 11 ·

撒鹽和胡椒調味,煎至熟取出備用。

· 14 ·

蘑菇片入鍋拌炒。

· 12 ·

剩餘醬汁炒洋蔥、紅蔥頭、蒜末、蟹肉、蛤蠣肉。

· 15 ·

加龍蝦湯拌炒。

· 16 ·

起鍋前加鮮奶油，拌勻製成諾曼地醬汁。

· 19 ·

擺上水田芥和魚子醬。

· 17 ·

在方形模具內放入作法 6 的奶油煨飯，放上蟹肉，
脫模。

· 20 ·

淋上作法 16 的諾曼地醬汁，並以三色甜椒丁和羅
勒葉裝飾。

· 18 ·

放上煎好的明蝦。

鴻喜菇香煎哈里巴魚

*Seared Marinated Halibut
With Wild Tomato Sauce*

▼

材料（1份）

奶油 30 公克

蒜末 1 小匙

雞高湯 100 毫升

（作法請參照 p.25）

北非小米 2 大匙

三色甜椒丁 各 1 大匙

蟹肉 30 公克

橄欖油 1 小匙

蒜末 10 公克

波特菇丁 45 公克

波特菇片 100 公克

奶油 30 公克

鴻喜菇 20 公克

松柳菇 20 公克

奶油 10 公克

蒜末 5 公克

哈里巴魚 150 公克

鹽和胡椒 各 1/2 小匙

橄欖油 1 小匙

奶油 15 公克

三色花椰菜 各 1 小朵（60 公克）

番茄醬汁 2 大匙

（作法請參照 p.48）

菠菜汁 1 大匙

羅勒葉 1 片

奇亞籽 1 小匙

· 1 ·

奶油 30 公克、蒜末 1 小匙炒香。

· 2 ·

加入預先以雞高湯泡軟的北非小米（也可煮的時候分開加）烹煮。

· 3 ·

加入三色甜椒丁。

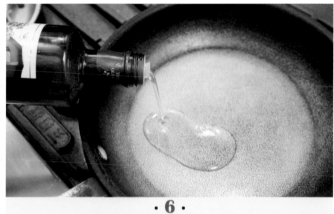

· 6 ·

另取一鍋下橄欖油1小匙。

· 4 ·

放入蟹肉。

· 7 ·

炒蒜末10公克和波特菇丁。

· 5 ·

拌炒均勻，備用。

· 8 ·

再加入波特菇片。

· 9 ·

放奶油 30 公克增添香氣，拌炒備用。

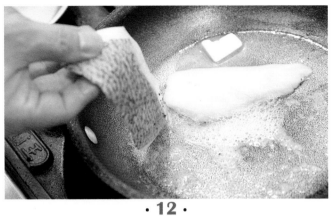

· 12 ·

魚排撒鹽和胡椒調味，鍋內放橄欖油 1 小匙、奶油 15 公克，以魚皮面下鍋。

· 10 ·

汆燙鴻喜菇和松柳菇。

· 13 ·

煎熟後備用。

· 11 ·

撈起入鍋與奶油 10 公克、蒜末 5 公克一起炒香，備用。

· 14 ·

將燙過的三色花椰菜分別修邊，排盤。

· 15 ·

盛上作法 9。

· 18 ·

放上用湯匙整圓的作法 5 和其中的蟹肉。

· 16 ·

放上煎好的魚排。

· 19 ·

擺上燙過的羅勒葉和作法 11。

· 17 ·

淋番茄醬汁和菠菜汁。

· 20 ·

淋泡過水的奇亞籽。

蔬菜海鮮盤
Seafood Plate

---CHAPTER 6---
蔬菜海鮮盤
Seafood Plate

▼
材料（1份）

石斑魚菲力　70～80 公克

花枝　70～80 公克

明蝦　2 隻

牡蠣　2 個

淡菜　2 個

干貝　2 個

水煮鵪鶉蛋　2 顆

魚高湯　120 毫升

（作法請參照 p.23）

鴻喜菇　15 公克

橄欖油　1 小匙

鹽和胡椒　1/4 小匙

白酒　60 毫升

豌豆苗　20 公克

綠櫛瓜　3 片

黃櫛瓜　3 片

甜菜根　3 片

松露片　2 片

金箔　0.1 公克

昆布高湯　120 毫升

（作法請參照 p.27）

· 1 ·

準備所有海鮮材料及鵪鶉蛋。

· 2 ·

石斑魚菲力切片。

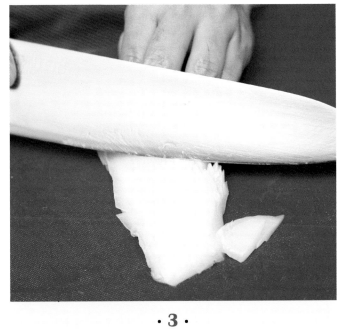

· **3** ·

花枝切花刀，再切片。

· **5** ·

放入花枝。

· **4** ·

魚高湯內依序放入明蝦。

· **6** ·

放入淡菜。

· 7 ·

放入鴻喜菇，汆燙。

· 10 ·

煎至熟。

· 8 ·

同時取一鍋下橄欖油，石斑魚菲力魚片下鍋（魚皮朝下）。

· 11 ·

放入鵪鶉蛋。

· 9 ·

干貝先吸乾水份後入鍋，以鹽和胡椒調味，再加入白酒。

· 12 ·

放入燙熟的花枝。

· 13 ·

放入燙好的蝦、淡菜和鴻喜菇，續煮入味。

· 16 ·

切片後擺盤。

· 14 ·

魚高湯內放入豌豆苗，汆燙。

· 17 ·

放上燙熟的豌豆苗。擺上生牡蠣。

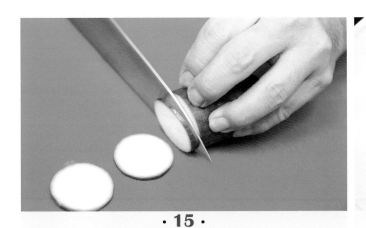

· 15 ·

綠櫛瓜、黃櫛瓜、甜菜根分別切片。

· 18 ·

煮熟海鮮依序擺上，最後放鵪鶉蛋和松露片並以
金箔裝飾，倒入昆布高湯。

CHAPTER 6

香煎鱒魚捲
佐白酒醬汁

Pan Seared River Trout
With White Wine Sauce

▼

材料（1份）

鱒魚菲力　160 公克

鹽和胡椒　1/2 小匙

蛋白　1 個

黃椒　15 公克

紅椒　15 公克

馬鈴薯泥　30 公克

（作法請參照 p.89 奶油波特菇扁餃的作法 1、2）

菠菜葉　1 片

白酒醬汁　2 大匙

（作法請參照 p.54）

新鮮蔓越莓　3 顆

新鮮藍莓　3 顆

青蒜葉　1 片

牛血菜　1 片

茵陳蒿　1 株

· 1 ·

鱒魚菲力去魚皮，魚皮留用。

· 2 ·

魚皮修整成長方形備用。

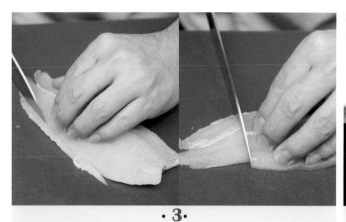

· 3 ·

魚肉修邊後以鹽和胡椒調味（切下的魚肉可做慕斯），蒸 10 分鐘。

· 6 ·

加蛋白以增加黏稠性。

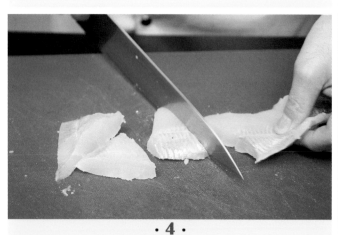

· 4 ·

取另一片去皮魚肉切塊。

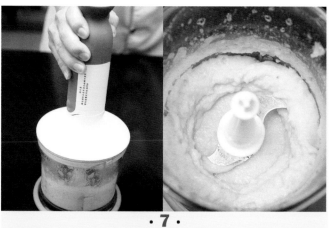

· 7 ·

攪打成魚肉慕斯。

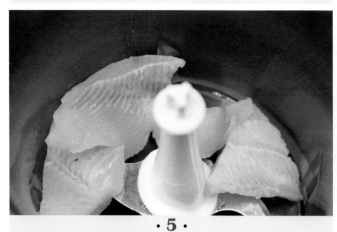

· 5 ·

放進食物調理機。

· 8 ·

將魚肉慕斯放至魚皮上。

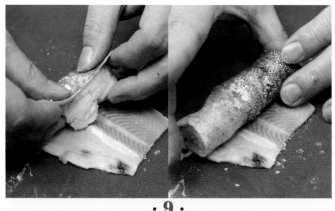

· 9 ·

捲起成魚肉捲。

· 12 ·

黃椒以圓形慕斯框壓模，放進慕斯框裡。

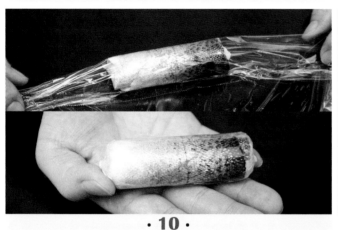

· 10 ·

用保鮮膜包住定形，蒸 8 分鐘。

· 13 ·

擠上 2 層馬鈴薯泥（約 20 公克）。

· 11 ·

蒸好的作法 3 以圓形慕斯框壓模成 2 塊。

· 14 ·

放作法 11 的魚肉 1 塊。

· 15 ·

放入紅椒。

· 18 ·

脫模（底下可放鍋鏟，擺盤時較好取用）。

· 16 ·

再擠上 1 層馬鈴薯泥（約 10 公克）。

· 19 ·

用切半的熟菠菜葉圍住。

· 17 ·

放作法 11 剩餘的魚肉 1 塊。

· 20 ·

白酒醬汁當底盛盤，在旁放剖半的新鮮蔓越莓。

· 21 ·

作法 10 中蒸好的魚肉捲除去保鮮膜,切段。

· 24 ·

以牛血菜和茵陳蒿裝飾。

· 22 ·

魚肉捲疊放在盤中,中間夾一段燙過的青蒜葉,擺上剖半的新鮮藍莓。

TIPS

黃、紅椒除了可直接生食,
也可先以烤箱烤軟後去皮食用。

· 23 ·

作法 19 置於鋪底的白酒醬汁上。

鮭魚野米捲
Salmon Mousse And Wild Rice Parcel With White Wine Sauce

▼

材料（1份）

白酒	30 毫升
野米	50 公克
白飯	50 公克
紅椒丁	15 公克
鮭魚菲力片	150 公克
青蒜葉	1 片
紫蘇葉	2 片
孢子甘藍	1 個
白酒醬汁	1 大匙
（作法請參照 p.54）	
鮭魚卵	1 大匙
芝麻葉	1 片

鮭魚慕斯

修清鮭魚肉	30 公克
蛋白	1 個
白蘭地	1 大匙
U.H.T. 鮮奶油	300 毫升
鹽和胡椒	各 1/2 小匙

TIPS

鮭魚慕斯作法：
將鮭魚慕斯的材料放進食物調理機打勻即可。

· 1 ·

野米預先浸泡白酒，以增添香氣。

· 2 ·

入鍋煮 30 分鐘。

· 3 ·

加入白飯及紅椒炒勻。

· 6 ·

倒扣於盤上備用。

· 4 ·

炒好的野米飯先預留 1 大匙的量，其餘放入模具。

· 7 ·

鮭魚片修整成長方形後，放上鮭魚慕斯和預留的野米飯。

· 5 ·

壓實定形。

· 8 ·

放至保鮮膜上。

· 9 ·

捲起成鮭魚捲，蒸 15 分鐘。

· 12 ·

紫蘇葉鋪盤，放上作法 6 和鮭魚捲。

· 10 ·

燙過的青蒜葉切絲，綁住蒸好的鮭魚捲。

· 13 ·

放上燙熟切半的孢子甘藍，淋白酒醬汁。

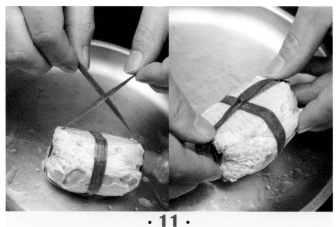

· 11 ·

在鮭魚捲底部打好結固定。

· 14 ·

以鮭魚卵和芝麻葉點綴。

蔬菜鮭魚干貝佐雙味醬汁

Roasted Salmon And Scallop With Lobster Sauce

▼

材料（1份）

牛番茄	140 公克
綠櫛瓜片	20 公克
黃櫛瓜片	20 公克
生干貝片	3 片
新鮮鮭魚片	120 公克
奶油	20 公克
蒜末	5 公克
紅蔥頭末	10 公克
洋蔥末	5 公克
白酒	1 大匙
五色豆	各 1 小匙
義大利米	30 克
魚高湯	100 毫升
（作法請參照 p.23）	
青椒丁	1 大匙
龍蝦湯	1 大匙
（作法請參照 p.135）	
白酒醬汁	1 大匙
（作法請參照 p.54）	
豌豆莢	4 個

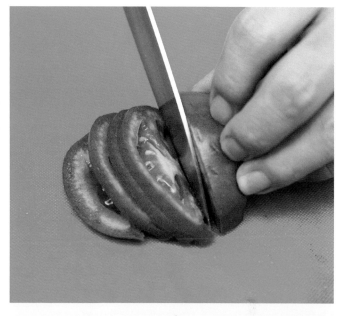

· 1 ·

牛番茄切片。

· 2 ·

在派盤上鋪保鮮膜，再放上模具框，番茄片相互交疊放入模具。

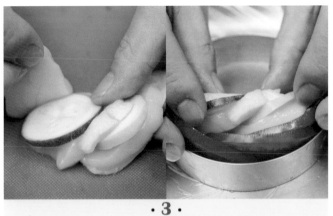

· 3 ·

綠、黃櫛瓜片和生干貝片相互交疊放入模具。

· 6 ·

加入五色豆。

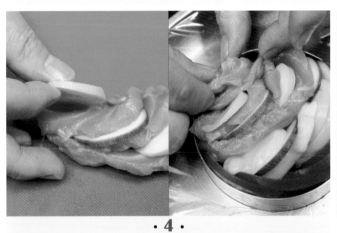

· 4 ·

雙色櫛瓜片和鮭魚片相互交疊，放入模具並填滿縫隙，蒸 7 分鐘。

· 7 ·

把豆子炒軟並炒出香氣。

· 5 ·

奶油炒香蒜末、紅蔥頭、洋蔥，倒入白酒。

· 8 ·

義大利米預先泡魚高湯，瀝乾後放入鍋中炒。

· 9 ·

分次加入魚高湯燉煮。。

· 12 ·

淋上龍蝦湯和白酒醬汁。

· 10 ·

燉飯收汁後，加入青椒。

· 13 ·

蒸好的作法 4 脫模，擺在燉飯上。

· 11 ·

煮好的燉飯盛盤。

· 14 ·

放上燙過的豌豆莢。

—— CHAPTER 6 ——
青醬海藻石斑魚
Seaweed Grouper With Pesto

▼

材料（1份）

台灣石斑魚　150 公克

橄欖油　1 大匙

奶油　10 公克

白蘭地　30 毫升

安娜洋芋

馬鈴薯　20 片（40 公克）

鮮奶油　10 毫升

蛋　1 顆

起士粉　6 公克

青醬　1 大匙

（作法請參照 p.45）

乾燥海藻　5 公克

檸檬汁　1 小匙

· 1 ·

石斑魚取菲力部位，去魚刺。

· 2 ·

捲成魚捲。

· 3 ·

蒸 10 分鐘。

· 4 ·

取一鍋放入橄欖油和奶油，放入作法 3 中蒸好的魚
捲煎香。

· 7 ·

馬鈴薯切片疊起。

· 5 ·

加入白蘭地。

· 8 ·

壓模切成小圓片（小圓片留在慕斯模內）。

· 6 ·

起鍋備用。

· 9 ·

鮮奶油、蛋、起士粉混合，倒入慕斯模中。

· 10 ·

入烤箱以180℃烤10分鐘後，再以120℃烤20分鐘，完成安娜洋芋。

· 13 ·

擺上烤好的安娜洋芋。

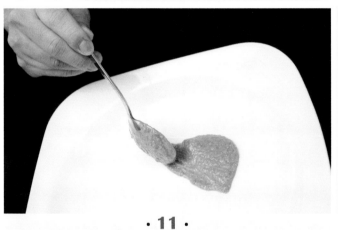

· 11 ·

青醬淋盤鋪底。

· 14 ·

煎魚捲盛盤。

· 12 ·

放上乾燥海藻。

· 15 ·

淋上檸檬汁。

CHAPTER 6
經典鮮鮭三部曲
Salmon Trio

▼

材料（2 份）
鮭魚片　80 公克
蒔蘿　5 公克

酪梨莎莎醬
檸檬汁　5 毫升
白酒醋　5 毫升
橄欖油　5 毫升
芥末醬　5 公克
酪梨丁　60 公克
洋蔥丁　5 公克
番茄丁　30 公克
巴西里碎　1 小匙
蒜末　2 公克

燻鮭魚薄片　20 公克
茄子泥　20 公克
鮭魚慕斯　30 公克
干貝慕斯　20 公克
牛血菜　2 片
綠捲鬚生菜　少許
珍珠洋蔥　3 顆
酸豆　1 小匙
綜合堅果　5 公克

TIPS

製作茄子泥、鮭魚慕斯及干貝慕斯，可分別將食材放進
食物調理機打成泥，視口味調味即可。

· 1 ·

切好的鮭魚片烤 5 分鐘至稍微上色，在魚片的半邊
鋪上蒔蘿。

· 2 ·

在攪拌盆內倒入檸檬汁。

· 3 ·

放入白酒醋。

· 6 ·

放入芥末醬拌勻。

· 4 ·

倒入橄欖油。

· 7 ·

加入酪梨、洋蔥、番茄、巴西里、蒜末。

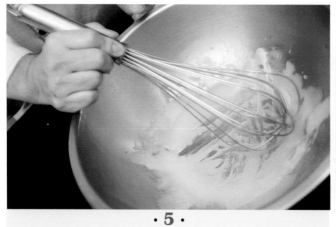

· 5 ·

打勻至呈現白色。

· 8 ·

攪拌均勻成酪梨莎莎醬。

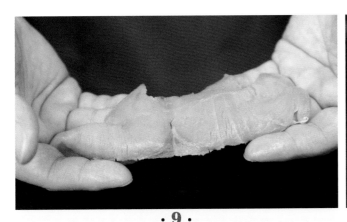

· 9 ·

取燻鮭魚薄片。

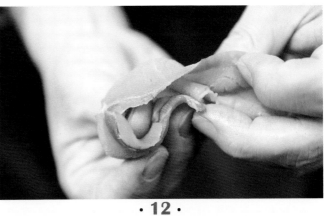

· 12 ·

順著大拇指捲起。

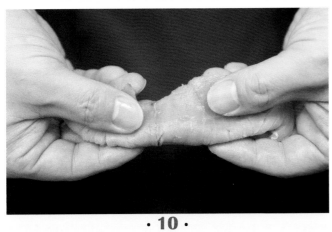

· 10 ·

往內對折一半。

· 13 ·

抽出手指,並固定捲好的形狀。

· 11 ·

大拇指擺在對折的鮭魚片上。

· 14 ·

將鮭魚捲的最外層翻開(像開花一樣)。

· 15 ·

整形，固定好折口處使其不易散開。

· 18 ·

放上酪梨莎莎醬。

· 16 ·

放上用湯匙整圓的茄子泥、鮭魚慕斯、干貝慕斯，擺上作法 15 的鮭魚花捲。

· 19 ·

擺上珍珠洋蔥、酸豆和綜合堅果。

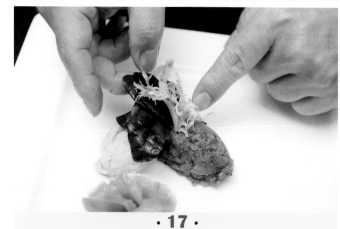

· 17 ·

擺放牛血菜和綠捲鬚生菜。

· 20 ·

作法 1 的鮭魚片盛盤。

香煎鱸魚襯蔬菜
Pan fried Sea Bass With Vegetable

CHAPTER 6

香煎鱸魚襯蔬菜
Pan fried Sea Bass
With Vegetable

▼

材料（1份）

橄欖油　10 毫升

奶油　10 公克

鱸魚片　200 公克

白酒　100 毫升

大文蛤　3 個

朝鮮薊　2 個（40 公克）

奶油　30 公克

巴西里碎　1 小匙

洋蔥丁　50 公克

西芹丁　30 公克

鮮奶油　30 毫升

松露玉米燉蛋

松露醬　2 大匙

蛋液　80 公克

玉米粒　20 公克

紅生菜　1 片

蕪菁　1 個

山蘿蔔葉　1 株

巴西里　1 株

· 1 ·

取一鍋放入橄欖油和奶油 10 公克，煎鱸魚片。

· 2 ·

翻面後加入白酒。

· 3 ·

鱸魚起鍋備用（煎魚的湯汁留用）。

· 5 ·

煮文蛤的湯汁倒入煎魚的湯汁混合。

· 4 ·

取另一鍋加水，文蛤煮至開口即撈起（煮文蛤的湯汁留用）。

· 6 ·

煮朝鮮薊，加入奶油30公克，朝鮮薊煮熟後撈出。

· 7 ·

在同一鍋中放入巴西里碎、洋蔥、西芹。

· 10 ·

松露醬、蛋液與玉米粒混合。

· 8 ·

燉煮。

· 11 ·

放進容器內。

· 9 ·

倒入鮮奶油,做成沙司備用。

· 12 ·

蒸 20 分鐘,製成松露玉米燉蛋。

· 13 ·

松露玉米燉蛋脫模盛盤，底下鋪紅生菜。

· 16 ·

放上朝鮮薊和文蛤。

· 14 ·

放上蕪菁。

· 17 ·

淋上作法9的沙司。

· 15 ·

煎鱸魚盛盤。

· 18 ·

以山蘿蔔葉和巴西里裝飾。

—— CHAPTER 6 ——
香煎赤棕佐紅花汁
Red Mullet Roll With Tomato Salsa

▼

材料（1份）

赤棕　2 片（150 公克）
鹽和胡椒　各 1/2 小匙
蝦夷蔥碎　2 小匙
馬鈴薯泥　200 公克
（作法請參照 p.89 奶油波特菇扁餃的作法 1、2）
松露醬　2 大匙
西芹　1 段
紅蘿蔔片　20 公克
番茄丁　15 公克
洋蔥末　15 公克
番紅花絲　0.2 公克
水　50 毫升
墨西哥餅皮　1 張
細蘆筍　3 枝
蛋液　1 顆
番茄醬汁　3 大匙
（作法請參照 p.48）
巴沙米戈醋　1 大匙
松露片　3 片
蒔蘿　3 小株

·1·

赤棕去魚刺，撒鹽和胡椒調味，鋪上蝦夷蔥碎。

·2·

擠上馬鈴薯泥。

· 3 ·

鋪松露醬。

· 6 ·

放上作法 4，入烤箱以 180℃ 烤 25 分鐘。

· 4 ·

蓋上另一片魚排。

· 7 ·

番紅花絲與水混合成番紅花汁，刷在烤過的墨西哥餅皮上。

· 5 ·

在烤盤上鋪西芹、紅蘿蔔、番茄、洋蔥，烤的時候可增添蔬菜味。

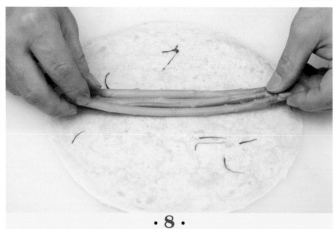

· 8 ·

放上燙好且冰鎮過的細蘆筍。

· 9 ·

放上烤好的作法 6。

· 12 ·

在表面刷上蛋液，烤至餅皮上色。

· 10 ·

將餅皮捲起。

· 13 ·

番茄醬汁鋪盤。

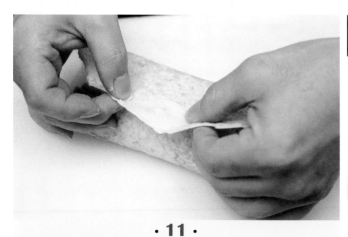

· 11 ·

包裹好成魚排捲。

· 14 ·

淋上巴沙米戈醋。

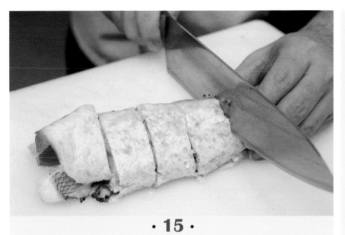

· **15** ·

烤好的魚排捲切段。

· **16** ·

魚排捲取完整的中間段盛盤,擺放在番茄醬汁之
間。

· **17** ·

放上松露片和蒔蘿。

TIPS

番紅花絲是極為珍貴的香料,泡水即成番紅花
汁,詳細介紹可參照 p.330。

起士海鮮燉飯

Seafood Risotto

起士海鮮燉飯
Seafood Risotto

▼

材料（1份）

橄欖油　1 大匙

淡菜　50 公克

草蝦　50 公克

鮑魚　1 個

干貝　50 公克

透抽　50 公克

白酒　60 毫升

奶油　30 公克

三色甜椒丁　30 公克

蒜末　5 公克

蛤蠣高湯　200 毫升

（作法請參照 p.30）

義大利米　50 公克

番紅花絲　1 公克

起士粉　2 大匙

山蘿蔔葉　1 株

現刨帕瑪森起士　1 大匙

TIPS

煮燉飯時可用同一個鍋子炒料、燉煮米飯，味
道更能一致。

· 1 ·

取一鍋倒入橄欖油。

· 2 ·

輪流放入海鮮（帶殼的先放），除鮑魚以外的海鮮
煎熟後先撈起。

· 3 ·

放進透抽。

· 5 ·

海鮮起鍋。

· 4 ·

加入白酒。

· 6 ·

將鍋中剩餘的汁倒在海鮮上，並放上奶油，備用。

· 7 ·

炒香三色甜椒。

· 10 ·

在鍋中放入蛤蠣高湯 100 毫升，放入預先泡水的義
大利米。

· 8 ·

放入蒜末。

· 11 ·

攪拌燉煮。

· 9 ·

將炒料倒在煎熟的海鮮上。

· 12 ·

加入番紅花絲。

· 13 ·

再加入蛤蠣高湯 50 毫升持續熬煮。

· 16 ·

燉煮約 10 分鐘。

· 14 ·

放入作法 9。

· 17 ·

調味前先將海鮮撈起。

· 15 ·

倒入剩餘的蛤蠣高湯。

· 18 ·

撒上起士粉，盛盤並放上海鮮與山蘿蔔葉，最後撒
一些現刨帕瑪森起士。

溪蝦羅勒義大利麵

Crispy River Shrimp With Garlic
& Pesto Buttered Spaghetti

▼

材料（1份）

義大利麵	80 公克
溪蝦	3 大匙
橄欖油	1 大匙
洋蔥碎	1 大匙
蒜末	1 小匙
白酒	30 毫升
青醬	4 大匙

（作法請參照 p.45）

起士粉	1 大匙
羅勒葉	1 株

· **1** ·

義大利麵入水鍋。

· **2** ·

煮 5 分鐘。

·3·

把麵撈起，備用。

·6·

放入洋蔥碎和蒜末，炒香。

·4·

溪蝦入油鍋炸至酥脆。

·7·

倒入白酒。

·5·

取一鍋加橄欖油。

·8·

放入作法4的炸溪蝦。

· 9 ·

倒入青醬。

· 10 ·

煮好的義大利麵入鍋。

· 11 ·

拌炒均勻。

· 12 ·

加入起士粉,盛盤放上羅勒葉裝飾。

TIPS

義大利麵的種類繁多,可依喜好選擇麵種。

─── CHAPTER 6 ───

威尼斯蔬菜燉飯

Vegetables And Mushrooms Pilaf Rice

▼

材料（1份）

奶油	30 公克
紅蘿蔔丁	30 公克
綠櫛瓜丁	15 公克
黃櫛瓜丁	15 公克
豌豆莢丁	30 公克
洋蔥丁	100 公克
蘑菇丁	30 公克
蒜末	10 公克
雞高湯	300 毫升
（作法請參照 p.25）	
義大利白米	60 公克
番紅花絲	0.5 公克
番茄醬	1 大匙
起士粉	2 大匙
粗綠蘆筍頭	3 枝
羅勒葉	1 株
番紅花絲（裝飾用）	少許
現刨帕瑪森起士	15 公克

· 1 ·

奶油、紅蘿蔔、綠櫛瓜、黃櫛瓜、豌豆莢、洋蔥、蘑菇、蒜末入鍋。

· 2 ·

拌炒均勻，備用。

主菜─海鮮或其他類 · *Main Courses of Seafood And Others*　233

· 3 ·

取一鍋加入雞高湯 140 毫升，放進預先泡水的義大利米。

· 6 ·

加入番紅花絲。

· 4 ·

熬煮至鍋內湯汁剩下 1/3。

· 7 ·

拌炒均勻。

· 5 ·

倒入剩餘的雞高湯，煮至收汁。

· 8 ·

放入作法 2。

· 9 ·

加入番茄醬，增加濃稠感。

· 10 ·

炒至均勻收汁。

TIPS

煮燉飯時可用同一個鍋子炒料、燉煮米飯，味道更能一致。

· 11 ·

撒上起士粉拌勻後盛盤，放上粗綠蘆筍頭、羅勒葉和少許番紅花絲，撒上現刨帕瑪森起士。

松露麵
Truffle Carbonara

▼

材料（1份）

哈利波特菇	2 個
鹽和胡椒	1 小匙
鳥巢麵	120 公克
水	1 公升
鹽	15 公克
橄欖油	2 大匙
橄欖油	少許
生火腿	30 公克
松露醬	3 大匙
鮮奶油	80 毫升
三色甜椒丁	各 1 小匙
洋蔥碎	20 公克
蘑菇片	50 公克
白松露油	1 大匙
茵陳蒿	1 株

· 1 ·

哈利波特菇放至烤盤上，撒鹽和胡椒調味。

· 2 ·

入烤箱，以 180℃ 烤 15 分鐘。

· 3 ·

鳥巢麵放入鹽水，煮 5 分鐘。

· 4 ·

把麵撈起。

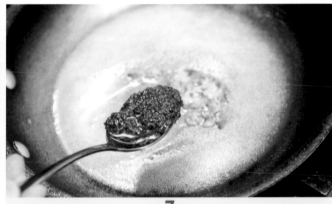

· 7 ·

加入松露醬。

· 5 ·

放入橄欖油 2 大匙拌勻。

· 8 ·

放入鮮奶油。

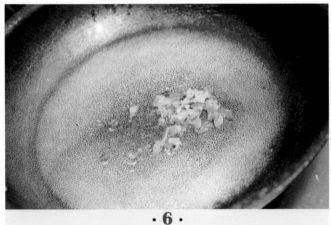

· 6 ·

取一鍋加入少許橄欖油，放入生火腿。

· 9 ·

加進三色甜椒。

· 10 ·

洋蔥碎入鍋。

· 13 ·

把煮好的麵放入鍋中拌炒。

· 11 ·

放入蘑菇。

· 14 ·

加入白松露油提味，拌勻起鍋，烤好的哈利波特菇
盛盤，煮好的麵放在菇上，以茵陳蒿點綴。

· 12 ·

拌炒均勻。

---- CHAPTER 6 ----
班尼迪克蛋
Eggs Benedict

▼

材料（1份）

荷蘭醬

蛋黃	2 顆
白酒	2 大匙
融化奶油	20 公克
白酒醋	1 大匙
迷迭香	1/2 小匙
百里香	1/2 小匙

白吐司	1 片
菠菜	1 片
蘿蔓生菜	1 片
帕瑪火腿	1 片
水波蛋	1 個

（作法請參照 p.128）

紅捲鬚生菜	1 株
水田芥	1 株

· 1 ·

在攪拌盆內放入蛋黃。

· 2 ·

蛋黃打散後加入白酒。

·3·

放進融化奶油（分批倒入，才有乳化效果）。

·4·

白酒醋、迷迭香、百里香混合，加入拌勻成荷蘭醬。

·5·

盛裝至容器內，備用。

·6·

白吐司放在烤盤上，壓模。

·7·

放上燙熟的菠菜。

·8·

放上蘿蔓生菜。

· 9 ·

疊上帕瑪火腿。

· 12 ·

入烤箱，烤至呈金黃色，盛盤，放上紅捲鬚生菜和水田芥裝飾。

· 10 ·

放上預先煮好的水波蛋。

TIPS

水波蛋不可隔餐食用。

· 11 ·

在水波蛋上均勻塗抹荷蘭醬。

MAIN COURSES OF MEAT

主菜 · 肉類

主菜是西餐中的第四道菜肴,食材常見牛、豬、雞、羊、鵪鶉等,佐以不同醬汁和配菜,襯托出肉的質地與鮮美風味。

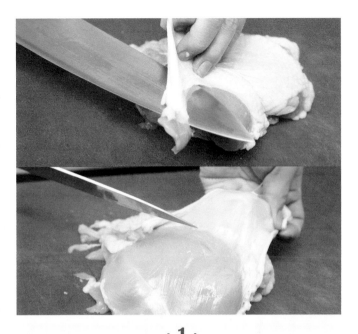

·1·

雞胸去皮、筋和多餘油脂。

—— CHAPTER 7 ——
帕瑪雞肉捲

Chicken Breast Wrapped With
Parma Ham And Chicken Juice

▼

材料（1份）

雞胸肉　130 公克

鹽和胡椒　各 1/2 小匙

細綠蘆筍　30 公克

番茄醬汁　2 大匙

（作法請參照 p.48）

帕瑪火腿　3 片

三色橄欖　各 1 個

雞骨肉汁　3 大匙

（作法請參照 p.40）

蒔蘿　1 株

TIPS

三色橄欖為紅蘿蔔、小黃瓜、馬鈴薯條削成橄
欖形狀，作法請參照 p.162 番紅花軟殼蟹的作
法 9。

·2·

取適當大小的肉，另一塊雞胸可做雞柳留用。

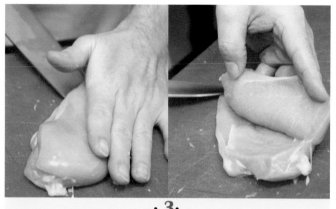

· 3 ·

以蝴蝶刀片開。

· 6 ·

雞胸肉片以鹽和胡椒調味，放上燙過的細綠蘆筍。

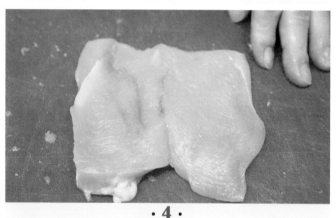

· 4 ·

將片開的雞胸肉修整成正方形。

· 7 ·

鋪上番茄醬汁。

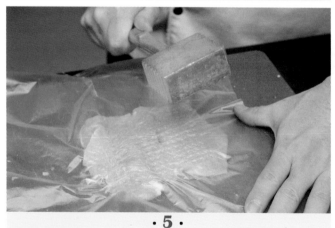

· 5 ·

放進塑膠袋，以肉槌敲打至 0.3 公分的薄片（大小約 12 x 6 公分）。

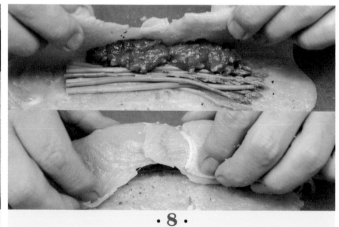

· 8 ·

捲起。

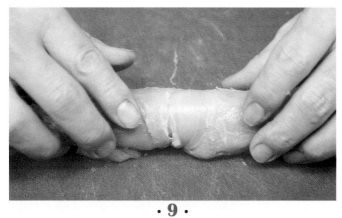

· 9 ·

盡量捲緊。

· 12 ·

雞肉捲烤好後取出。

· 10 ·

包裹上帕瑪火腿。

· 13 ·

雞肉捲切片擺盤。

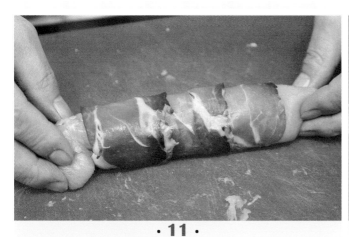

· 11 ·

入烤箱，以 180℃烤 20 分鐘。

· 14 ·

放上燙熟的三色橄欖，淋雞骨肉汁，以蒔蘿裝飾。

CHAPTER 7

香料番茄烤雞腿

Roasted Chicken Leg
With Tomato Sauce

▼

材料（1份）

雞腿　1 隻

番茄醬汁　5 大匙

（作法請參照 p.48）

馬鈴薯泥　150 公克

（作法請參照 p.89 奶油波特菇扁餃的作法 1、2）

羅勒葉　1 株

· 1 ·

雞腿入烤箱，以 180℃烤 20 分鐘。

· 2 ·

烤好後淋上番茄醬汁。

· **3** ·

盛盤。

· **4** ·

以湯匙整圓馬鈴薯泥。

· **5** ·

放上羅勒葉裝飾。

油封白豆雞腿

Chicken Confit

油封白豆雞腿
Chicken Confit

▼

材料（1份）

油封雞腿　1 隻
白酒醬汁　5 大匙
（作法請參照 p.54）
細綠蘆筍　6 枝
蕪菁　1 個
菠菜　80 公克
橄欖油　1 小匙
蒜末　5 公克
紅蔥頭　5 公克
白酒　15 毫升
白豆　30 公克
黑橄欖　3 顆

TIPS

油封雞腿的作法：
雞腿先以粗鹽、香料醃製一天，烹調前將醃料
洗淨，泡在雞油內入烤箱，以 120℃烤至雞腿
中心溫度達 65℃即可。

· 1 ·

油封雞腿烤好後備用。

· 2 ·

淋上白酒醬汁。

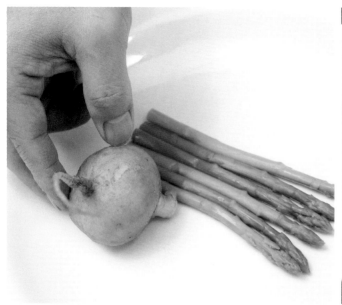

· 3 ·

汆燙過的細綠蘆筍和蕪菁擺盤。

· 5 ·

將作法 2 中淋醬的雞腿盛盤。

· 4 ·

菠菜以橄欖油、蒜末、紅蔥頭、白酒炒熟,擺盤並
放上白豆。

· 6 ·

以切半的黑橄欖裝飾。

---- CHAPTER 7 ----
紅酒燴雞
Coq Au Vin

▼

材料（1份）

去骨雞腿　240 公克

（作法請參照 p.14 全雞去骨處理的作法 13 ～ 18）

雞胸　150 公克

紅酒　240 毫升

橄欖油　1 小匙

奶油　10 公克

紅酒　2 大匙

紅酒醬汁　300 毫升

（作法請參照 p.57）

炒好的北非小米　50 公克

雙色花椰菜　各 1 朵

豆苗　20 公克

TIPS

北非小米的作法請參照 p.181 鴻喜菇香煎哈里巴魚的作法 1 ～ 5，其中炒料可自行替換。

· 1 ·

去骨雞腿和雞胸先以紅酒 240 毫升醃 10 分鐘。

· 2 ·

取一鍋下橄欖油和奶油。

· 3 ·

放入醃好的雞肉，煎至上色。

· 6 ·

煮到濃縮成剩一半湯汁。

· 4 ·

翻面後倒入醃肉的酒汁燉煮。

· 7 ·

準備另一紅酒醬汁鍋，放入燉煮的雞肉。

· 5 ·

再加入紅酒 2 大匙。

· 8 ·

將燉煮時的濃縮湯汁倒入紅酒醬汁鍋裡，一起熬煮
30 分鐘。

· 9 ·

燉煮好的紅酒雞肉盛盤。

· 12 ·

放上汆燙過的雙色花椰菜，以豆苗裝飾。

· 10 ·

淋上熬煮雞肉時的紅酒醬汁。

TIPS

雞胸與雞腿所需烹調時間不同，
在起鍋前 20 分鐘，再將雞胸部位入鍋燉煮，
可確保肉質軟嫩。

· 11 ·

北非小米以湯匙整圓，排盤。

—— CHAPTER 7 ——

白酒燉雞
Rooster Stew

▼

材料（1份）

橄欖油	1 大匙
奶油	15 公克
雞腿	200 公克
雞胸	180 公克
鹽	1/2 小匙
胡椒	1/4 小匙
白酒	200 毫升
白酒醬汁	300 毫升

（作法請參照 p.54）

青醬燉飯	200 公克
比利時生菜	2 片
胞子甘藍	1 顆
珍珠洋蔥	1 顆
紅蘿蔔丁	1 小匙
綜合堅果	1 小匙

TIPS

青醬燉飯的作法請參照 p.233 的威尼斯蔬菜燉飯，其中放入的材料可隨喜好調整，並將番茄醬改為青醬即可。

· 1 ·

熱鍋下橄欖油、奶油，奶油融化後放進雞腿、雞胸，撒鹽和胡椒調味。

· 2 ·

若雞肉太多可分批下鍋煎。

· 3 ·

雞肉煎至金黃色。

· 4 ·

加入白酒。

· 6 ·

煎好的雞肉放進白酒醬汁鍋內。

· 5 ·

煮至濃縮剩一半的汁。

· 7 ·

倒入煎肉的汁，燉煮 30 分鐘。

· 8 ·

青醬燉飯放進模具定形，脫模後擺盤，並放上比利
時生菜。

· 10 ·

淋上白酒醬汁。

· 9 ·

煮好的燉雞盛盤。

· 11 ·

放上胞子甘藍、珍珠洋蔥、紅蘿蔔和綜合堅果。

焗烤脆皮鵪鶉
Supreme de Quail Roti

▼

材料（1份）

鵪鶉	1 隻（約 160 公克）
鹽和胡椒	1/2 小匙
義式綜合香料	1/2 小匙
蒜苗	1 段
南瓜泥	3 大匙
橄欖油	1 大匙
紅蘿蔔碎	1 小匙
西芹碎	1 小匙
洋蔥碎	1 小匙
黎麥	20 公克
雞高湯	120 毫升
（作法請參照 p.25）	
三色甜椒丁	20 公克
甜菜根片	2 片
細蘆筍	7 ～ 8 枝
朝鮮薊	1 個
牛番茄片	3 片
紅酒醬汁	3 大匙
（作法請參照 p.57）	

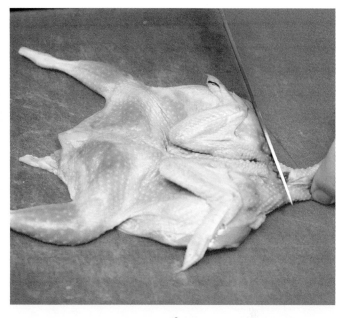

· 1 ·

鵪鶉去頭。

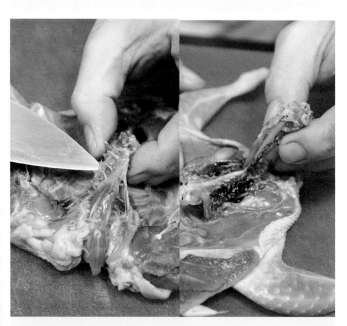

· 2 ·

除去骨頭。

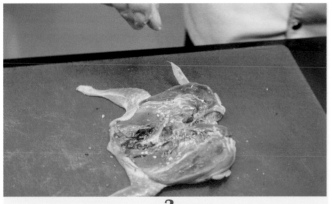

· 3 ·

撒上鹽、胡椒和義式綜合香料調味。

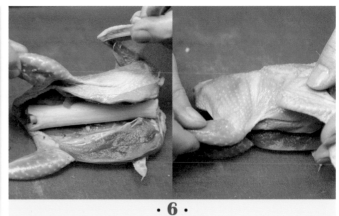

· 6 ·

捲起包裹住蒜苗。

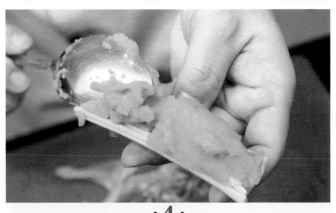

· 4 ·

蒜苗切段剖開，抹上南瓜泥。

· 7 ·

翻轉放在烤盤上，入烤箱，以 180℃ 烤 35 分鐘。

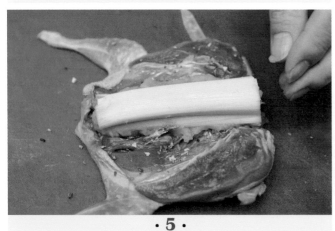

· 5 ·

將蒜苗放進鵪鶉內。

· 8 ·

取一鍋下橄欖油，放入紅蘿蔔、西芹、洋蔥。

· 9 ·

炒軟。

· 12 ·

煮滾後放進三色甜椒，煮 30 ～ 40 分鐘。

· 10 ·

放入黎麥拌炒。

· 13 ·

煮成糊狀即完成。

· 11 ·

加雞高湯拌煮。

· 14 ·

將煮好的黎麥搓圓。

· 15 ·

甜菜根切片，包夾住黎麥。

· 17 ·

放上烤好的鵪鶉。

· 16 ·

燙過的細蘆筍、朝鮮薊擺盤，放上作法 15 和牛番茄片。

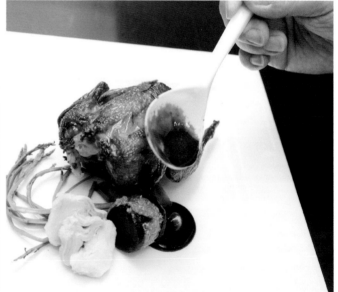

· 18 ·

淋紅酒醬汁。

德國酸菜豬腳
Pork Knuckle With Sauerkraut

德國酸菜豬腳
Pork Knuckle With Sauerkraut

▼

材料（1份）

橄欖油　2 大匙

洋蔥絲　500 公克

培根絲　30 公克

月桂葉　2 片

杜松子　2 大匙

黑糊椒粒　1 大匙

白酒　300 毫升

白酒醋　150 毫升

橄欖油　3 大匙

蒜末　30 公克

高麗菜絲　2 公斤

雞高湯　1 公升

（作法請參照 p.25）

德國豬腳　1 隻（約 600 公克）

黃芥茉醬　2 大匙

水煮法蘭克福香腸　1 條

紅皮洋芋　1 顆

法式芥末醬　1 大匙

巴西里　1 株

· 1 ·

鍋中下橄欖油 2 大匙，放入洋蔥、培根。

· 2 ·

炒香。

· 3 ·

放入月桂葉、杜松子和黑胡椒粒炒軟。

· 4 ·

倒入白酒。

· 7 ·

拌炒至軟。

· 5 ·

加入白酒醋繼續燉煮。

· 8 ·

加入雞高湯。

· 6 ·

取另一大鍋加入橄欖油3大匙、蒜末，下高麗菜絲。

· 9 ·

倒入作法5。

主菜—肉類 · *Main Courses of Meat*　　271

· 10 ·

熬煮 1.5 小時。

· 13 ·

作法 10 的酸菜煮好後,瀝掉湯汁。

· 11 ·

豬腳下油鍋,以 180℃ 炸約 6 ～ 7 分鐘(會噴油,油鍋須加蓋)。

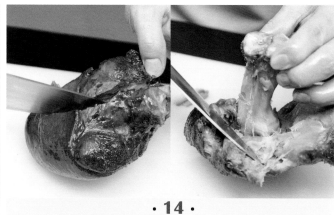

· 14 ·

豬腳去骨,貼著豬骨切開。

· 12 ·

炸至皮酥上色,瀝油備用。

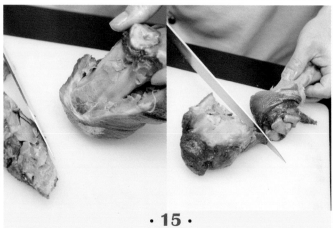

· 15 ·

將肉切下。

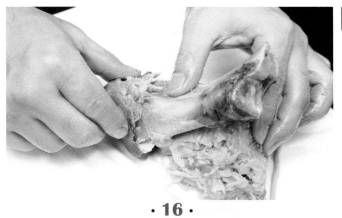

· 16 ·

酸菜盛盤，擠上黃芥末醬，擺上豬骨裝飾。

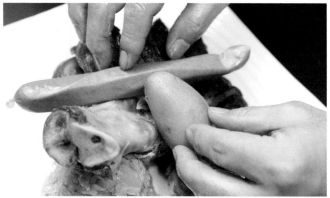

· 19 ·

放上法蘭克福香腸和紅皮洋芋。

· 17 ·

去骨後的豬腳切片。

· 20 ·

淋法式芥末醬，擺上巴西里裝飾。

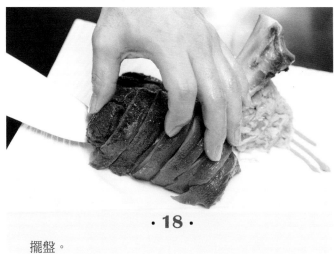

· 18 ·

擺盤。

鑲里肌

Pork Tenderloin

▼

材料（1份）

豬大里肌肉　100 公克

鹽和胡椒　各 1 小匙

菠菜葉　1 片

鰻魚碎　5 公克

莫札瑞拉起士　30 公克

豬網油　20 公克

橄欖油　50 毫升

馬鈴薯泥　120 公克

（作法請參照 p.89 奶油波特菇扁餃的作法 1、2）

豌豆苗　80 公克

松柳菇　30 公克

牛血菜　1 片

雞骨肉汁　4 大匙

（作法請參照 p.40）

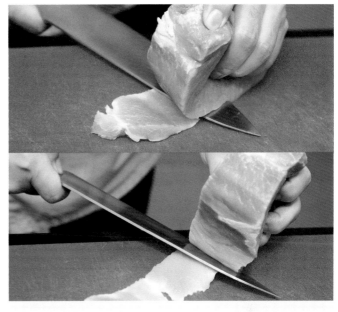

· 1 ·

取里肌肉，去掉外層的筋、膜。

· 2 ·

橫切剖半。

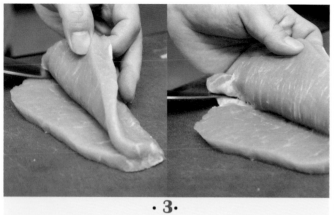

· 3 ·

蝴蝶刀片開肉。

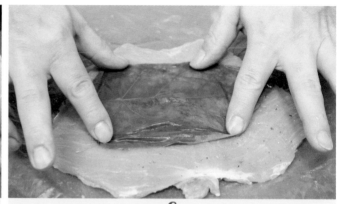

· 6 ·

取出後以鹽和胡椒調味，鋪上燙過的菠菜葉。

· 4 ·

里肌肉片好後，去筋。

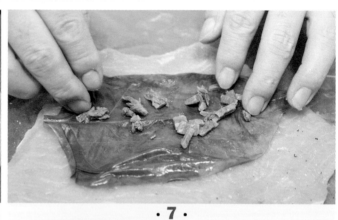

· 7 ·

放上鰻魚碎。

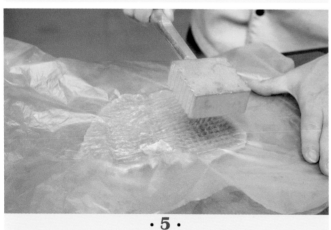

· 5 ·

放入塑膠袋，以肉槌打成 0.2 公分薄片（大小約 7x14 公分）。

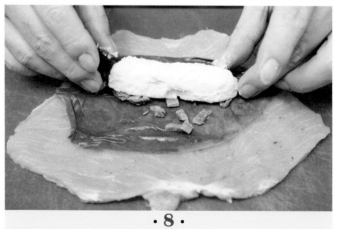

· 8 ·

放上莫札瑞拉起士。

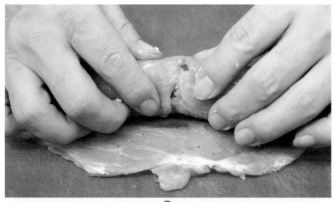

· 9 ·

捲起。

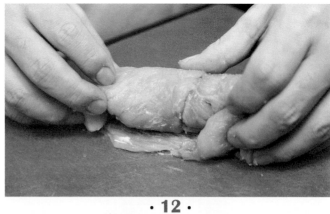

· 12 ·

捲起並收尾黏好。

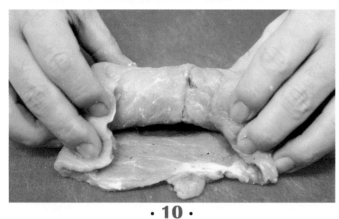

· 10 ·

兩側往內折收邊。

· 13 ·

取適當大小的豬網油，並切除油脂過多的地方。

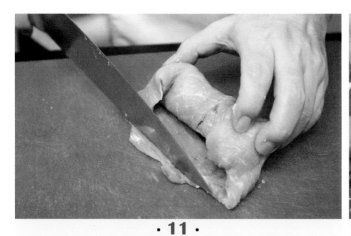

· 11 ·

收尾時以刀背敲打收口處，使其成泥產生黏性。

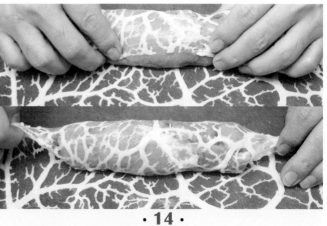

· 14 ·

用豬網油包裹里肌肉捲，捲起。

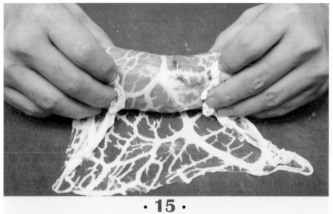

· 15 ·

兩側往內折收邊。

· 18 ·

煎至金黃色後，翻面（四面均上色）。

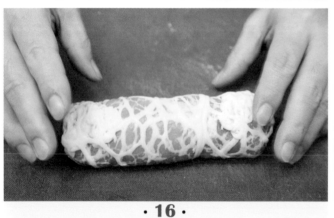

· 16 ·

完整包裹住里肌肉捲，固定好接合處。

· 19 ·

起鍋後，入烤箱以 180℃ 烤 20 分鐘。

· 17 ·

取一鍋倒入橄欖油，里肌肉捲下鍋。

· 20 ·

在盤中擠馬鈴薯泥。

· **21** ·

放上清炒的豌豆苗和松柳菇。

· **24** ·

以牛血菜裝飾。

· **22** ·

煎好的里肌肉捲切段。

· **25** ·

淋上雞骨肉汁。

· **23** ·

擺盤。

— CHAPTER 7 —
美式烤肋排
Barbecued Spareribs

▼

材料（1份）

豬肋排　500 公克

（約 12 隻肋骨相連不切斷）

馬鈴薯　300 公克

鹽和胡椒　各 1 小匙

瑞可塔起士　2 大匙

炒好的培根絲　2 大匙

蒜苗片　2 大匙

起士絲　4 大匙

花椰菜　1 小朵

豬肋醬

烤肉醬　200 毫升

二砂　220 公克

帕瑪森起士粉　120 公克

洋蔥粉　120 公克

香蒜粉　30 公克

匈牙利紅椒粉　20 公克

· 1 ·

豬肋排洗淨。

· 2 ·

取需要用的分量。

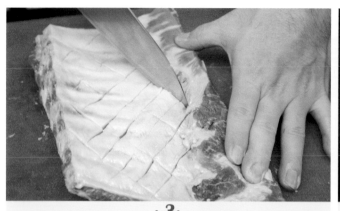

· 3 ·

在肋排上輕劃數條十字刀痕，可幫助入味。

· 6 ·

中間劃一刀開皮。

· 4 ·

入烤箱以 160℃ 烤 135 分鐘，烤好後備用。

· 7 ·

用手稍微撥開裂縫。

· 5 ·

整顆馬鈴薯入烤箱，以 180℃ 烤 30 分鐘。

· 8 ·

撒鹽和胡椒，放進瑞可塔起士。

· 9 ·

放上炒好的培根絲。

· 12 ·

入烤箱以 200℃，烤至上色。

· 10 ·

混合蒜苗和起士絲。

· 13 ·

在烤肉醬內放入豬肋醬的其他材料。

· 11 ·

鋪在馬鈴薯上。

· 14 ·

攪拌均勻，盛入容器內備用。

· 15 ·

在烤好的肋排上抹調好的豬肋醬。

· 17 ·

盛上豬肋排。

· 16 ·

烤好的馬鈴薯擺盤。

· 18 ·

放汆燙過的花椰菜裝飾。

老饕牛排

Grain-Fed Australian Prime Cut Steak

—— CHAPTER 7 ——

老饕牛排

Grain-Fed Australian Prime Cut
Steak

▼

材料（1份）

沙朗牛排　300公克（10盎司）

鹽和胡椒　各1小匙

橄欖油　2大匙

波特酒　2大匙

奶油　20公克

千層麵

義大利麵皮　8張

橄欖油　3大匙

肉醬　5大匙

（作法請參照 p.51）

起士絲　2大匙

蛋柱

蛋液　2顆

蝦夷蔥碎　1小匙

松露醬　1小匙

鹽和胡椒　各1/4小匙

起士餅

帕瑪森起士粉　15公克

紫花椰菜　1朵

波特酒醬汁　1大匙

豆苗葉　3葉

·1·

牛排先以鹽和胡椒調味。熱鍋，倒入橄欖油，熱至冒煙（高溫）後放入牛排，煎至表面上色。

·2·

翻面後即可加入波特酒，煎至上色。

·3·

牛排煎上色後放入烤盤，並淋上煎牛排的汁。

· 4 ·

放奶油在作法 3 上，入烤箱以 200℃烤 7 分鐘，備
用。

· 7 ·

以圓形模具壓出圓柱狀，最上層再放上肉醬，移至
烤盤。

· 5 ·

義大利麵皮先燙好，分別抹上橄欖油防止沾黏。

· 8 ·

鋪上起士絲，入烤箱以 200℃烤 7～8 分鐘，使起
士融化。

· 6 ·

取麵皮 1 張放入保鮮盒內，塗上肉醬，再蓋上麵皮，
重複此動作 7 次。

· 9 ·

烤好後以竹籤沿著模具刮去模具邊的沾黏處，以便
脫模，備用。

· 10 ·

蛋液與蝦夷蔥碎攪拌均勻，再加入鹽、胡椒、松露醬拌勻。

· 13 ·

取一鍋子熱鍋，倒入帕瑪森起士粉，可用鍋鏟將起士粉集合成圓形。

· 11 ·

作法 10 倒入機器（Eggmaster）中，將竹籤組合在棒子上並放入機器，以手輔助固定，使棒子維持在中心點等待蛋柱定型。

· 14 ·

輕壓，使起士粉扁實均勻，不能煎得太硬。

· 12 ·

蛋柱受熱後會慢慢浮起，待蛋柱全部浮起後即可取出，備用。

· 15 ·

起鍋時先關火，讓溫度維持在 120 ～ 130℃，從起士餅的邊緣慢慢鏟起。

· 16 ·

將切好的蛋柱擺盤。

· 19 ·

用矽膠刷刷出圖案。

· 17 ·

放上燙熟的紫花椰菜。

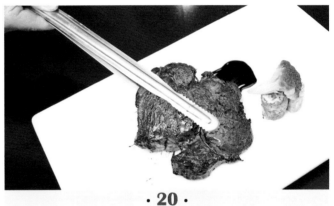

· 20 ·

盛上作法 4 的牛排。

· 18 ·

淋上波特酒醬汁。

· 21 ·

放上作法 9 的千層麵，另外放一些豆苗葉，最後以作法 15 的起士餅裝飾。

CHAPTER 7

蔬菜燉羊腿
Lamb Stew

▼

材料（1份）

無骨羊腿　400 公克

橄欖油　1 大匙

奶油　30 公克

白蘭地　1 大匙

洋蔥碎　25 公克

蒜頭碎　25 公克

紅蔥頭碎　25 公克

雞高湯　100 毫升

（作法請參照 p.25）

南瓜泥　120 公克

豌豆　1 大匙

洋蔥丁　20 公克

紅蘿蔔丁　20 公克

西芹丁　20 公克

紅扁豆　20 公克

芝麻葉　1 片

TIPS

南瓜泥作法請參照 p.89 奶油波特菇扁餃的作
法 1、2，將馬鈴薯替換成南瓜即可。

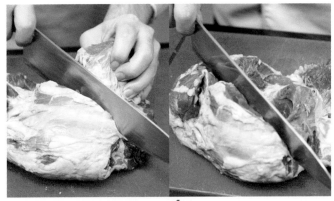

· 1 ·

切開羊腿，切開後有四塊肌肉。

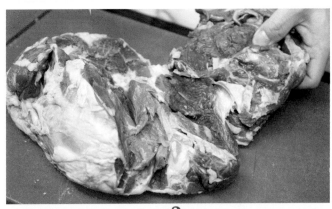

· 2 ·

順著紋理切，避免破壞肌肉組織。

· 3 ·

去掉筋、膜。

· 4 ·

分切成塊。

· 5 ·

取要用的分量，順著紋理切小塊，備用。

· 6 ·

熱鍋，下橄欖油，放入奶油、羊腿塊。

· 7 ·

煎至上色。

· 8 ·

加入白蘭地。

· 9 ·

煎好的羊腿塊放進燉鍋。

· 10 ·

在原本煎肉的炒鍋中，放進洋蔥、蒜頭、紅蔥頭。

· 13 ·

將作法 12 倒入燉鍋中，蓋過羊腿塊即可。

· 11 ·

炒香。

· 14 ·

燉煮約 40 分鐘。

· 12 ·

倒入雞高湯。

· 15 ·

煮至湯汁變濃稠後即可。

· 16 ·

在模具內放入南瓜泥，壓實。

· 18 ·

再放入南瓜泥，輕壓。

· 17 ·

放入燙熟的豌豆。

· 19 ·

放進炒過的洋蔥丁、紅蘿蔔及西芹。

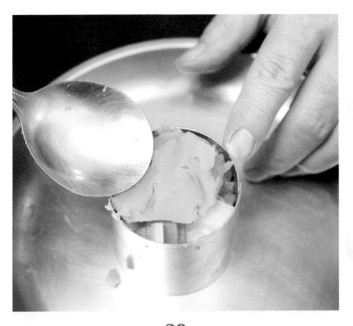

· **20** ·

最後再放上南瓜泥。

· **22** ·

放入燉好的羊腿塊。

· **21** ·

脫模後盛盤。

· **23** ·

淋上燉肉時的醬汁，在南瓜泥夾心上放煮熟的紅扁
豆和芝麻葉裝飾。

—— CHAPTER 7 ——
蔬菜燉小羊膝
Lamb Shank Stew

▼

材料（1份）

小羊膝	450 公克
洋蔥碎	40 公克
紅蘿蔔碎	20 公克
西芹碎	20 公克
奶油	20 公克
洋蔥丁	20 公克
蒜末	5 公克
玉米碎	30 公克
牛奶	15 毫升
羊骨肉汁	100 毫升
豆苗	1 株
櫻桃	半顆

TIPS

羊骨肉汁的作法請參照 p.37，
將牛骨換成羊骨即可。

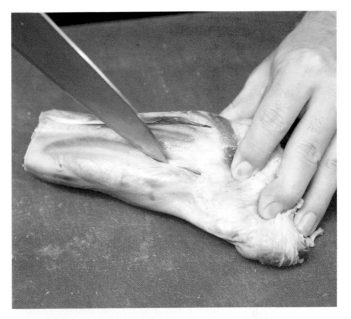

· 1 ·

羊膝順著紋理切開。

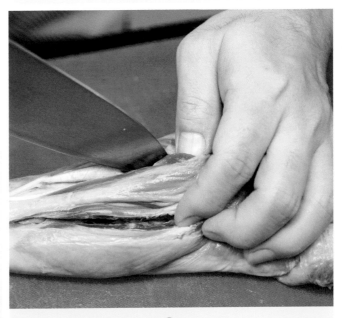

· 2 ·

將切口處挖大，以準備鑲入蔬菜。

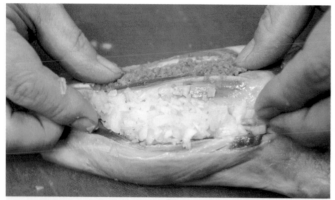

· 3 ·

填入較多的洋蔥碎，再填入紅蘿蔔和西芹，入烤箱
以140℃烤至羊膝中心溫度達65℃（約50分鐘），
剩餘的蔬菜料可炒熟當配菜。

· 6 ·

加入玉米碎。

· 4 ·

取一鍋，加入奶油、洋蔥丁、蒜末。

· 7 ·

炒鬆拌勻。

· 5 ·

炒至洋蔥變透明。

· 8 ·

倒入牛奶，大火快煮約10分鐘。

· 9 ·

煮至濃稠糊化。

· 12 ·

烤好的羊膝擺盤。

· 10 ·

用膠條刷將羊骨肉汁刷在盤上，並將煮好的玉米碎整形擺盤。

· 13 ·

放上剖半的櫻桃。

· 11 ·

放上豆苗及用湯匙整圓好作法 3 的炒蔬菜。

烤小羊背佐松露醬
附烤蔬菜

Gratined Cheese Of Veal Rock
With Truffle Sauce & Vegetable

▼

材料（1份）

羊起士	120 公克
羅勒碎	1 大匙
百里香碎	1/2 大匙
黃芥末醬	3 大匙
小羊背	300 公克
羊起士	30 公克
馬鈴薯泥	50 公克

（作法請參照 p.89 奶油波特菇扁餃的作法 1、2）

紅蘿蔔條	2 條
馬鈴薯條	2 條
松露醬	1 大匙
胞子甘藍	1 個
紅酒醬汁	1 大匙

（作法請參照 p.57）

綠捲鬚生菜	2 株

· 1 ·

羊起士 120 公克、羅勒、百里香拌勻。

· 2 ·

拌入黃芥末醬。

· 3 ·

將醬料抹在小羊背上。

· 4 ·

入烤箱，以 120℃烤至羊背中心溫度達 58℃（約 13
分鐘）。

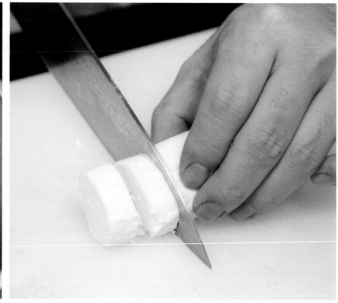

· 6 ·

羊起士 30 公克切厚片。

· 5 ·

烤好後切塊。

· 7 ·

羊背和羊起士片重複交疊。

· 8 ·

馬鈴薯泥擠在盤上，紅蘿蔔、馬鈴薯條汆燙排盤，
並淋上松露醬。

· 10 ·

淋上紅酒醬汁。

· 9 ·

燙過的胞子甘藍分切對半，擺盤。

· 11 ·

放上羊背與起士，以綠捲鬚生菜裝飾。

CHAPTER 7

英式牛肉派
Ground Beef Pie

▼

材料（1份）

冷凍酥皮	90 公克
牛臂絞肉	150 公克
紅酒	2 大匙
蒜末	1 小匙
荳蔻粉	1/2 小匙
蛋液	1 顆
三色甜椒丁	3 小匙
綠蘆筍	1 枝
水田芥	1 株

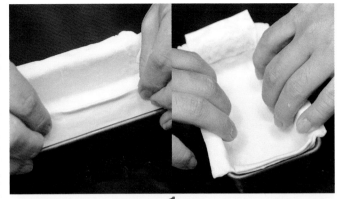

· **1** ·

將冷凍酥皮放進模具塑形。

· **2** ·

把酥皮的邊緣往外折，以便放進內餡。

· **3** ·

牛絞肉先用紅酒、蒜末、荳蔻粉醃過。

· 4 ·

醃肉放進酥皮盒裡，鋪約七分滿。

· 6 ·

在包好的酥皮上刷蛋液。

· 5 ·

將模具四周的酥皮往內折，包裹住內餡。

· 7 ·

入烤箱以 200℃ 烤熟即可，以三色甜椒、綠蘆筍和水田芥裝飾。

小牛菲力牛腰牛核

*Veal Fillet And Veal Sweetbread
With Port Wine Jus*

· 1 ·

小牛胸腺除去硬結、膜和筋。

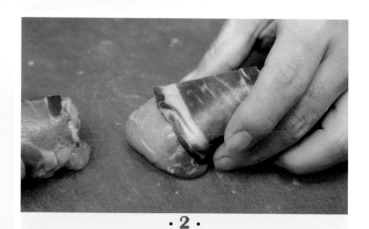

· 2 ·

以帕瑪火腿包裹住。

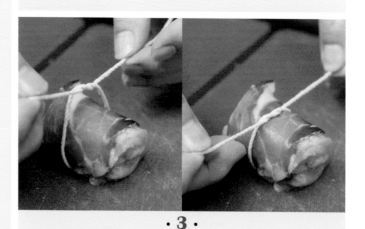

· 3 ·

用棉線綁住定形。

CHAPTER 7
小牛菲力牛腰牛核
*Veal Fillet And Veal Sweetbread
With Port Wine Jus*

▼

材料（1份）

小牛胸腺　2 個

帕瑪火腿　2 片

橄欖油　1 大匙

小牛菲力　100 公克

橄欖油　1 大匙

薯餅

馬鈴薯　300 公克

蛋黃　1 顆

低筋麵粉　40 公克

鹽　1 小匙

橄欖油　1 大匙

細綠蘆筍　2 枝

波特酒汁　2 大匙

（作法請參照 p.323 的作法 3～5）

水田芥　1 株

TIPS

小牛胸腺需現做，
建議保存期限不可超過兩天。

· 4 ·

取一鍋加入橄欖油 1 大匙熱鍋，小牛胸腺入鍋。

· 7 ·

煎至有香氣和上色（約 8 分熟），不可重複翻面避免肉質太乾。

· 5 ·

煎至有香氣及上色（約 8 分熟）。

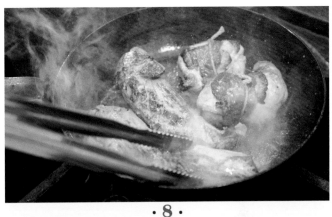

· 8 ·

小牛胸腺與小牛菲力放到同一個鍋子續煎。

· 6 ·

取另一鍋加入橄欖油 1 大匙熱鍋，小牛菲力入鍋。

· 9 ·

起鍋，放至烤盤上，入烤箱以 180℃ 烤 5 分鐘。

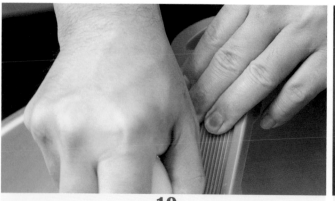

· 10 ·

馬鈴薯刨絲。

· 13 ·

取適量馬鈴薯絲捏成一團成圓球，並擠出汁液。

· 11 ·

倒入蛋黃。

· 14 ·

馬鈴薯球入油鍋。

· 12 ·

倒入低筋麵粉，用手攪拌均勻，加鹽調味。

· 15 ·

用鍋鏟壓扁成餅狀。

· 16 ·

煎至薯餅熟透上色。

· 19 ·

放上烤好的小牛胸腺。

· 17 ·

擺上薯餅和燙熟的細蘆筍。

· 20 ·

淋上波特酒汁,以水田芥裝飾。

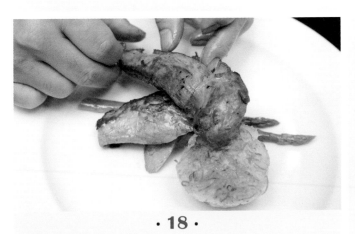

· 18 ·

烤好的小牛菲力盛盤。

—— CHAPTER 7 ——

經典牛肉雙重奏

Roasted Beef Rib-eye And Beef Tenderloin

▼

材料（1份）

雞肉慕斯

雞胸肉	60 公克
蛋白	2 顆
蒜苗片	20 公克
義式綜合香料	1/2 小匙
鹽和胡椒	各 1/2 小匙
鮮奶油	40 毫升

肋眼牛肉片	2 片（約 150 公克）
鹽和胡椒	各 1/2 小匙
百里香碎	1/4 小匙（分 2 次使用）
茵陳蒿碎	1/4 小匙（分 2 次使用）
巴西里碎	1/4 小匙（分 2 次使用）
麵粉	1 大匙
橄欖油	1 大匙
波特酒	2 大匙
奶油	20 公克

蒜末	5 公克
肋眼牛肉塊	2 ～ 4 塊（100 公克）
白酒	30 毫升
菠菜葉	1 片
番茄醬汁	2 大匙
（作法請參照 p.48）	
豌豆莢	30 公克
青醬	2 大匙
（作法請參照 p.45）	

· 1 ·

雞胸肉切小塊。

· 2 ·

雞胸肉放入食物調理機，加入蛋白和蒜苗。

· 3 ·

加入義式綜合香料。

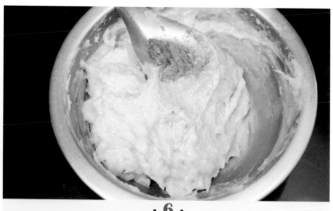

· 6 ·

拌勻成雞肉慕絲，備用。

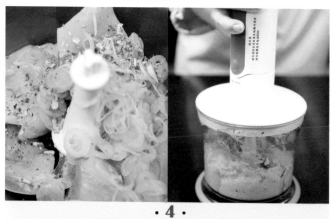

· 4 ·

以鹽和胡椒調味，攪打均勻。

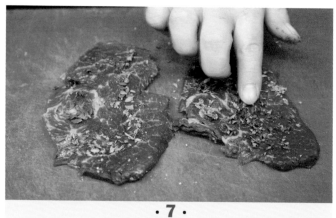

· 7 ·

在肋眼牛肉片上撒鹽、胡椒、百里香、茵陳蒿、巴西里。

· 5 ·

倒入鮮奶油。

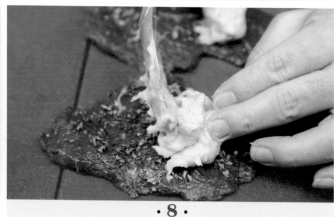

· 8 ·

放上作法 6 的雞肉慕斯。

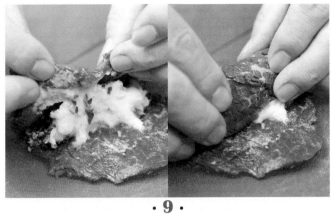

· 9 ·

捲起成牛肉捲。

· 12 ·

沾裹麵粉。

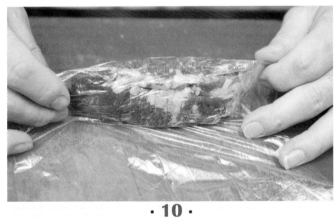

· 10 ·

放在保鮮膜上捲起，兩側固定。

· 13 ·

取一鍋倒入橄欖油，牛肉捲入鍋。

· 11 ·

整形後再取出肉捲。

· 14 ·

煎至表面上色。

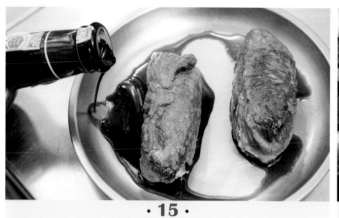

· 15 ·

起鍋放至烤盤上，倒入波特酒。

· 18 ·

倒入白酒。

· 16 ·

放上奶油，入烤箱以180℃烤5分鐘（約5分熟）。

· 19 ·

煎至其中一面上色即可起鍋。

· 17 ·

取另一鍋炒香蒜末，放入肋眼牛肉塊。

· 20 ·

在另一面撒上巴西里、茵陳蒿、百里香。

· 21 ·

燙熟的菠菜葉鋪盤，淋上番茄醬汁。

· 24 ·

放上燙熟的豌豆莢。

· 22 ·

牛肉捲切段擺盤。

· 25 ·

淋上青醬。

· 23 ·

肋眼牛肉塊盛盤。

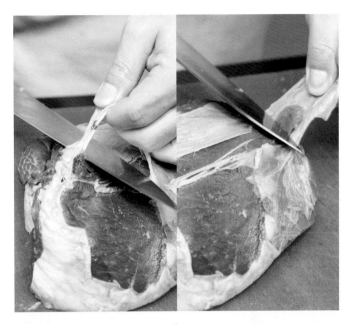

· 1 ·

去除肋眼上的筋、膜。

—— CHAPTER 7 ——
焗烤肋眼牛排襯三
色蔬菜佐松露汁

Grilled Beef Rib-eyes
With Truffle Sauce

▼

材料（1份）

肋眼	1 塊（150 公克）
奶油	30 公克
瑞士起士片	2 片
鹽和胡椒	各 1/2 小匙
比利時生菜	2 片
松露醬	30 公克
牛骨濃汁	3 大匙
（作法請參照 p.37）	
馬鈴薯丁	3 個
毛豆	1 顆
黑橄欖	1 顆
蔓越莓	1 顆

TIPS

作法 9 中的烘烤時間應視牛排大小而調整。

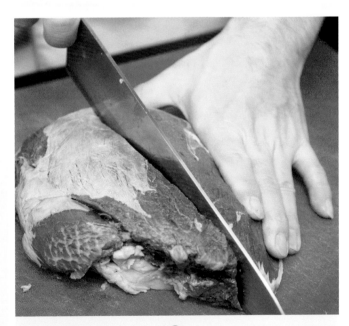

· 2 ·

分切成適當大小。

· 3 ·

切成條狀。

· 6 ·

疊上瑞士起士片。

· 4 ·

修頭尾兩邊。

· 7 ·

放上肋眼並撒鹽和胡椒調味。

· 5 ·

在鋁箔紙上抹奶油。

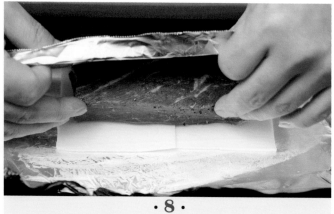

· 8 ·

將鋁箔紙包覆肋眼。

· 9 ·

入烤箱，以低溫 65℃烤 1.5 小時。

· 12 ·

放上烤好的肋眼牛排。

· 10 ·

擺盤前可將烤好的牛排切去頭尾（較美觀）。

· 13 ·

以馬鈴薯當底，分別放上毛豆、切半的黑橄欖及蔓越莓裝飾。

· 11 ·

比利時生菜排盤，松露醬與牛骨濃汁混合後淋上。

---- CHAPTER 7 ----

爐烤菲力佐
波特酒汁

*Roasted Tenderloin With Port
Wine Jus*

▼

材料（1份）

橄欖油　1 大匙

奶油　30 公克

菲力　180 公克

波特酒　3 大匙

牛骨濃汁　3 大匙

（作法請參照 p.37）

奶油　15 公克

馬鈴薯條　40 公克

紅蘿蔔條　40 公克

三色花椰菜　60 公克

· 1 ·

熱鍋後下橄欖油和奶油 30 公克。放入菲力煎至 5
分熟。

· 2 ·

菲力側面也要煎。

· 3 ·

淋上波特酒，入烤箱以 180℃烤 8 分鐘至 8 分熟。

· 4 ·

將煎菲力剩餘的波特酒汁加入牛骨濃肉汁。

· 7 ·

煎至上色。

· 5 ·

離火後加入奶油 15 公克成醬汁備用。

· 8 ·

將預先燙過的紅蘿蔔條煎至上色。

· 6 ·

將預先燙過的馬鈴薯條下油鍋。

· 9 ·

在盤子上以矽膠刷畫上作法 5。

· 10 ·

盛上烤好的菲力。

· 11 ·

放上煎好的作法 7、8。

TIPS

有開蝴蝶刀的菲力或屬於頭、尾部份的牛肉，
請用在 7 分熟以上。

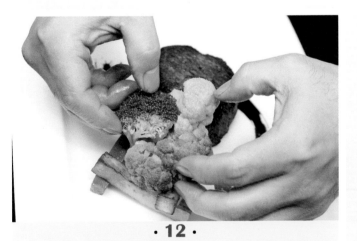

· 12 ·

再擺上燙過的三色花椰菜。

APPENDIX

SPECIAL INGREDIENTS

特殊食材介紹

世界上無奇不有，許多西餐中常用但生活中不常見的食材，其實非常美味且具有特色；雖然這些食材在 60 道料理中無全數呈現，但也因其珍貴獨有，特以此篇介紹，認識食材不僅更能貼近料理，還可為美味加分！

—— 生鮮蔬菜類 ——

1 芝麻葉

2 嫩菠菜

3 嫩甜菜葉

4 紅芥末葉

5 苦白苣

6 紅苦苣

※ 圖片提供／東遠國際有限公司

【生鮮蔬菜類】

1 芝麻葉 Baby Arugula
具濃厚的芝麻香，因而得名，非常適合生吃或製作成醬料；芝麻葉在英國被稱作 Rocket，在美國和澳洲則被稱為 Arugula。

2 嫩菠菜 Baby Spinach
具有豐富的鐵質，又被稱為菠薐、鸚鵡菜、紅根菜、飛龍菜。

3 嫩甜菜葉 Red Chard
葉片肥厚，葉柄粗且長，一般料理會生吃嫩葉，葉柄也可鹽漬或炒煮食用，主要產自歐洲南部。

4 紅芥末葉 Mustard Rouge
帶有溫和的芥末味卻不會嗆辣，嫩葉適合生吃，成熟的芥末葉可炒食或煮湯食用。

5 苦白苣 Endive
富含水分，口感鮮嫩、清脆爽口，常用作生食，需避免曬太陽，否則會變得更苦。

6 紅苦苣 Red Endive
常用來做成沙拉，帶有苦味。

7 紅捲葉 Lollo Rosa
帶有些微苦味，口感清脆，富含營養，可以生吃也可當作觀賞植物，邊緣有許多皺褶，又被稱作皺葉萵苣。

8 橡葉生菜 Oak Leaves

具有淡淡苦味，口感清脆，含鈣量高，葉面皺褶美麗，可生吃也可當作觀賞植物，又被稱為皺葉綠橡生菜。

9 生蠔葉 Oyster Leaves

葉面厚實，帶有濃郁的生蠔滋味，可以生食，也可浸泡在醋裡品嘗，生蠔葉常會與魚類料理搭配。

10 紫色小朝鮮薊 Baby Purple Artichoke

紫色朝鮮薊可生吃，一般綠色的則必須煮熟才能食用。富含多種維生素及礦物質，不僅營養且具有醫療價值，在歐洲享有「蔬菜之皇」的美譽。

11 孢子甘藍 Brussel Sprouts

味道微苦，營養價值極高，生食可做泡菜或沙拉，煮熟後則常作為西餐中的配菜，但生食最能保有營養，又稱作球芽甘藍。

12 羅馬花椰菜 Romanesco Cauliflower

富含礦物質和維生素，是一種可食用的花椰菜，但口感比花椰菜更清爽甘甜，可炒食也可涼拌。花球的表面由許多螺旋形小花所組成，外型特別，又被稱為青寶塔或鑽石花椰菜。

13 彩色花椰菜 Cauliflowers

綠色花椰菜含有豐富的維生素 A 和 C；紫色花椰菜含有如紅葡萄酒和藍莓中的抗氧化劑花青素；黃色花椰菜含有豐富的 β-胡蘿蔔素和維生素 A，不宜長時間烹煮。

7 紅捲菜

8 橡葉生菜

9 生蠔葉

10 紫色小朝鮮薊

11 孢子甘藍

12 羅馬花椰菜

13 彩色花椰菜

—— 起士類 ——

① 卡門貝爾起士

② 洛克福起士

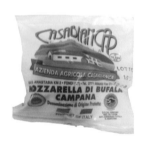

③ 水牛莫札瑞拉起士

④ 羊奶瑞可達起士

—— 香料類 · 蕈類 ——

① 番紅花絲

② 義大利新鮮夏季松露

【起士類】

1 卡門貝爾起士

Camembert, Val De Saone

屬法國起士的代表，也是世界著名的起士之一；表面覆蓋一層白黴，內呈淡黃色，質地柔軟，奶香濃郁，帶些微青草氣味。

2 洛克福起士 Roquefort, Papillon

屬世界三大藍黴起士之一，白色的外觀上，布滿均勻的藍綠色紋路，質地平滑，富含蛋白質和礦物鹽，具有多層次的獨特味道，醇厚甘甜，帶強烈的鹽香味，產自法國南部。

3 水牛莫札瑞拉起士

Buffalo Mozzarella

屬義大利式的新鮮起士，口感清香，適合搭配番茄食用，是西式料理中的開胃菜極品。

4 羊奶瑞可達起士

Ricotta Delicatezza

是義大利普遍的新鮮起士，口感鬆軟，味道清淡，可製成優格，也被廣泛用在義大利料理中。

【香料類 · 蕈類】

1 番紅花絲 Saffron Whole Extra

具有獨特香氣，若過度加熱容易產生苦味。番紅花絲是採用番紅花的柱頭（花絲）曬乾製成，因不易取得，是極為貴重的香料，取少量與水相溶便可呈現美麗的金黃色，故除了調味也可用來著色。

2 義大利新鮮夏季松露

Fresh Summer Truffle, Italy

天然的松露，其價值取決於品種、季節、香氣、色澤、重量、形狀及產量等因素。

【海鮮類】

1 貝隆生蠔 Belon Oyster

是歐洲原產的扁型蠔，屬世界知名的生蠔
種類之一，產量稀少，生長在乾淨且終
年恆溫的水域，多養殖於法國布列塔尼海
岸。外殼扁圓，肉身肥滿，口感爽脆且滋
味濃郁，帶有些微海水味。

2 芬帝克雷生蠔
Fines de Claires, David Herve

彎形蠔品種，屬法國三大名蠔之一，是由
法國已荒廢的海鹽產地改建成淺水養殖地
所培育出的生蠔，外殼彎長，肉質富有彈
性，口感鹹度適中，並帶榛果香甜氣息。

3 義大利達文西亞得里亞海鱘龍魚子醬
Adriatic Sturgeon "DaVinci"

魚子醬又稱為「黑金」，鱘魚卵可說是美
味魚子醬的來源，屬世界頂級美食之一。

【穀麥類】

1 義大利快煮玉米碎
Instant Polenta, Casa Rinaldi

義大利北部的主食，是用曬乾的玉米磨碎
後製成。

2 加拿大野米 Wild Rice, Canada

一種以籽實型態生長的野草，主要生長在
河溪的淺岸邊，是加拿大唯一的原生穀
類，雖然有個米字，卻不屬於米科。

3 耶路撒冷北非米
Jerusalem Cous Cous

是一種北非的小米飯，屬於粗麥製品，以
杜蘭小麥製作成米粒的形狀。烹調方式可
熱可冷，可用作前菜沙拉、主菜或配菜，
也可做成甜點。

—— 海鮮類 ——

| ① 貝隆生蠔 | ② 芬帝克雷生蠔 |

—— 穀麥類 ——

③ 義大利達文西亞得里亞　　① 義大利快煮玉米碎
海鱘龍魚子醬

② 加拿大野米　　③ 耶路撒冷北非米

一顆蘋果做麵包：
50款天然酵母麵包美味出爐

橫森 あき子（Akiko Yokomori） 著／陳柏瑤 譯
定價290元

只要一顆蘋果加上麵粉與水，即能做出美味的天然麵包。由蘋果所發酵的酵母，以裸麥、全麥麵粉烘焙出的麵包，少了人工添加物的香精味，多了自然健康的麥香，全書50款手作的天然酵母麵包，享受自然的風味。享受美味天然的滋味。

麵包職人的烘焙廚房：
50款經典歐法麵包零失敗

陳共銘 著／楊志雄 攝影／定價330元

50款經典歐、法、台式麵包，有樹枝麵包、裸麥麵包、羅勒拖鞋、橙香吐司……等，從酵母的培養，到麵種的製作，詳細的步驟圖與解說，教你做出職人級的美味麵包。

手感烘焙：
歐風×日系天然酵母麵包

李宜融 著／楊志雄 攝影／定價320元

從天然酵母的培養，到麵包出爐的感動，本書中完整收錄全麥種、酒種、魯邦種等菌種培養法，以及直接法、液種法、湯種法等麵團發酵法；並嚴選歐日經典風味，獨門食譜配方，詳盡的圖解示範，讓你在家也能輕鬆做出天然美味。

一學就會！60款人氣糖果：
輕鬆做出甜蜜好味道

陳佳美、許正忠 著／楊志雄 攝影／定價380元

手作糖果的不敗祕技，全書90種糖果製作常用食材，60款超人氣美味糖果，有法式經典軟糖、古早味米香、濃郁奶香牛軋糖、傳統節慶的寸棗等，超過800張的步驟圖，Step by Step，輕鬆做出甜蜜好味道！

60 Five-star Western Cuisine Recipes

60 Five-star Western Cuisine Recipes

60 FIVE-STAR WESTERN CUISINE RECIPES

60 Five-star Western Cuisine Recipes

60 Five-star Western Cuisine Recipes

60 Five-star Western Cuisine Recipes

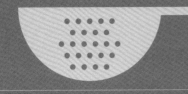

60 Five-star Western Cuisine Recipes

60 Five-star Western Cuisine Recipes

60 FIVE-STAR WESTERN CUISINE RECIPES

60 Five-star Western Cuisine Recipes

60 Five-star Western Cuisine Recipes

60 Five-star Western Cuisine Recipes

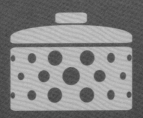

60 Five-star Western Cuisine Recipes

60 FIVE-STAR WESTERN CUISINE RECIPES

60 FIVE-STAR WESTERN CUISINE RECIPES

60 Five-star Western Cuisine Recipes

60 Five-star Western Cuisine Recipes

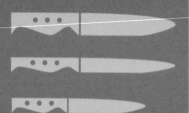

60 FIVE-STAR WESTERN CUISINE RECIPES

60 Five-star Western Cuisine Recipes

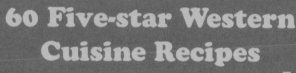

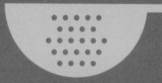

60 Five-star Western Cuisine Recipes

60 FIVE-STAR WESTERN CUISINE RECIPES

60 Five-star Western Cuisine Recipes

60 Five-star Western Cuisine Recipes

60 Five-star Western Cuisine Recipes